园 云图 YUN TU × 海绵 MBA MPA MPAcc

MBA MPA MPAcc
管理类综合能力

数学
十大公式

主编 张伟男

北京理工大学出版社
BEIJING INSTITUTE OF TECHNOLOGY PRESS

图书在版编目(CIP)数据

MBA MPA MPAcc 管理类综合能力数学十大公式 / 张伟
男主编. — 北京：北京理工大学出版社，2023.4

ISBN 978-7-5763-2262-0

Ⅰ.①M… Ⅱ.①张… Ⅲ.①高等数学－研究生－入
学考试－自学参考资料 Ⅳ.①O13

中国国家版本馆 CIP 数据核字(2023)第 061463 号

出版发行 / 北京理工大学出版社有限责任公司

社　　　址 / 北京市海淀区中关村南大街 5 号

邮　　　编 / 100081

电　　　话 / (010)68914775(总编室)

　　　　　　(010)82562903(教材售后服务热线)

　　　　　　(010)68944723(其他图书服务热线)

网　　　址 / http://www.bitpress.com.cn

经　　　销 / 全国各地新华书店

印　　　刷 / 三河市鑫鑫科达彩色印刷包装有限公司

开　　　本 / 787 毫米×1092 毫米　1/16

印　　　张 / 14　　　　　　　　　　　　　责任编辑 / 多海鹏

字　　　数 / 349 千字　　　　　　　　　　文案编辑 / 把明宇

版　　　次 / 2023 年 4 月第 1 版　2023 年 4 月第 1 次印刷　　责任校对 / 刘亚男

定　　　价 / 69.80 元　　　　　　　　　　责任印制 / 李志强

📖 前言

为了帮助报考管理类综合能力考试的考生更高效地掌握数学基础知识,熟练使用综合能力数学中的基本公式,编者按照最新综合能力数学考试大纲的要求编写了本书.

本书按照考生的学习顺序分成了十个章节,每个章节设置了"基本概念""公式精讲""公式导图"和"公式演练"4 个部分."基本概念"罗列了本章所涉及的数学概念;"公式精讲"总结了本章在做题中会使用到的基本公式;"公式导图"梳理了本章所涉及公式的整体框架;"公式演练"汇总了应用到本章公式的典型习题.全书共覆盖 125 个基本概念和 171 个基本公式.

编者认为数学学习是一个循序渐进的过程.而数学概念和数学公式是数学学习的基石,只有充分理解数学概念并熟练使用数学公式才能真正提升数学水平.所以本书侧重于帮助考生打下坚实的数学基础.在有了扎实的数学基础后,还需要在练习中提升自己的公式使用和公式运算能力,最终建立题目→公式→运算的条件反射.

对于备考时间充裕并追求满分的考生,建议在学完本书后再结合编者后续出版的真题书及模拟题书进行练习;对于备考时间紧张或者目标分数适中的考生,建议在学完本书后结合编者后续出版的真题书进行练习.

在编写本书时,编者参阅了中高考类相关书籍,做了少量引用,恕不一一指明出处,在此一并向有关作者致谢,关于书籍中的错误与纰漏,恳请读者批评指正.

考纲解读

管理类综合能力的数学部分满分 75 分,有以下两种题型:(1)问题求解(15 小题,每小题 3 分,共 45 分);(2)条件充分性判断(10 小题,每小题 3 分,共 30 分). 其中问题求解题就是考生过去参加中高考数学试题中的单项选择题,而条件充分性判断题则是一种崭新的考试题型,将在后面做详细说明. 考试通过这两种题型主要考查考生的运算能力、逻辑推理能力、空间想象能力和数据处理能力,因此建议考生在备考中重视运算,做题要梳理清楚条件和问题之间的逻辑关系. 从考试内容来看,涉及的数学知识范围有:

(一)算术

  1.整数

  (1)整数及其运算

  (2)整除、公倍数、公约数

  (3)奇数、偶数

  (4)质数、合数

  2.分数、小数、百分数

  3.比与比例

  4.数轴与绝对值

(二)代数

  1.整式

  (1)整式及其运算

  (2)整式的因式与因式分解

  2.分式及其运算

  3.函数

  (1)集合

  (2)一元二次函数及其图像

  (3)指数函数、对数函数

  4.代数方程

  (1)一元一次方程

  (2)一元二次方程

(3)二元一次方程组

5.不等式

(1)不等式的性质

(2)均值不等式

(3)不等式求解(一元一次不等式(组)、一元二次不等式、简单绝对值不等式、简单分式不等式)

6.数列、等差数列、等比数列

(三)几何

1.平面图形

(1)三角形

(2)四边形(矩形、平行四边形、梯形)

(3)圆与扇形

2.空间几何体

(1)长方体

(2)柱体

(3)球体

3.平面解析几何

(1)平面直角坐标系

(2)直线方程与圆的方程

(3)两点间距离公式与点到直线的距离公式

(四)数据分析

1.计数原理

(1)加法原理、乘法原理

(2)排列与排列数

(3)组合与组合数

2.数据描述

(1)平均值

(2)方差与标准差

(3)数据的图表表示(直方图、饼图、数表)

3.概率

(1)事件及其简单运算

(2)加法公式

（3）乘法公式

（4）古典概型

（5）伯努利概型

以上列出的考试内容是考试大纲的原文，可以发现考试内容都集中在小初高阶段学习的数学知识．还需要注意的是，考试大纲的原文中虽然没有涉及应用题，但是每年出题比例最大的部分就是应用题，因此需要考生在教材正文中认真学习．总体来看，综合能力数学相比于高等数学来说要简单许多，但考试的题目相对来说要更加灵活，并且考试时间紧张，所以考生不能因数学知识简单就放松，还是要投入精力认真备考．

条件充分性判断题的解题说明

1. 定义

由条件 A 成立,就可以推出结论 B 成立,则称 A 是 B 的充分条件. 若由条件 A 成立,不能推出结论 B 成立,则称 A 不是 B 的充分条件.

2. 题干结构

该类题型有三要素:结论、条件(1)、条件(2). 题干会先给出结论,再给出两个条件.

已知 x 是实数,则 $x+1=0$. →结论.

(1) $x=-1$. →条件(1).

(2) $x=-2$. →条件(2).

3. 解题说明

本题要求判断所给的条件能否充分支持题干中的结论,阅读每小题中的条件(1)和条件(2)后进行选择.

A. 条件(1)充分,但条件(2)不充分.

B. 条件(2)充分,但条件(1)不充分.

C. 条件(1)和条件(2)单独都不充分,但条件(1)和条件(2)联合起来充分.

D. 条件(1)充分,条件(2)也充分.

E. 条件(1)和条件(2)单独都不充分,条件(1)和条件(2)联合起来也不充分.

4. 做题步骤

①判断条件(1)能否推出结论.

②判断条件(2)能否推出结论.

③如果两个条件都不能推出结论,则联合条件(1)和条件(2),判断能否推出结论.

判断结束后(√表示充分,×表示不充分),把判断的结果与选项进行匹配,匹配结果如下:

选项	A	B	C	D	E
条件(1)	√	×	×	√	×
条件(2)	×	√	×	√	×
联合			√		×

5. 典型例题

例1 $x \geqslant 5$.

(1) $x = 5$.

(2) $x > 5$.

【解析】①判断条件(1)能否推出结论:当 $x=5$ 时,$x \geqslant 5$ 成立,所以条件(1)充分.②判断条件(2)能否推出结论:当 $x>5$ 时,$x \geqslant 5$ 成立(小范围可以推出大范围),所以条件(2)充分.此时判断结果是两个条件都充分,所以不需要第三个步骤,可以确定答案为 D. 故选 D.

例2 $3 < x \leqslant 5$.

(1) $x \geqslant 4$.

(2) $x < 5$.

【解析】①判断条件(1)能否推出结论:当 $x \geqslant 4$ 时,不能推出 $3 < x \leqslant 5$ 成立,所以条件(1)不充分.②判断条件(2)能否推出结论:当 $x<5$ 时,不能推出 $3 < x \leqslant 5$ 成立,所以条件(2)不充分.③联合两个条件得 $4 \leqslant x < 5$,此时可以推出 $3 < x \leqslant 5$ 成立(小范围可以推出大范围).

所以判断的结果是两个条件单独都不充分,但联合充分. 故选 C.

目 录

—— Contents ——

第一章

算术

 考情分析

本章是考试大纲中的算术部分.从大纲内容上分析,本章需要重点掌握整数相关的一系列考点,如:整除、约数、倍数、质数、合数、奇数、偶数.还需要掌握绝对值以及比例的基本性质,为后续章节中关于绝对值和比例的深入学习打下基础.

从试题分布上分析,单独考查本章考点的题目不会超过 2 道题,但本章的相关考点可以和后续章节的考点综合起来出题,如:质数可以和概率结合考查,绝对值可以和方程或不等式结合考查.

本章整体难度适中,学习建议用时为 4~5 小时.

基本概念 ▾

1.整数:如 $-3,-2,-1,0,1,2,3$ 等这样的数称为整数.整数分为正整数、负整数、0.

2.自然数:0 和正整数统称为自然数,最小的自然数是 0.

3.分数:分数是整数 q 除以非零整数 p 所得的商(商是整数除外).

4.有理数:有限小数或无限循环小数统称为有理数,也是整数和分数的统称,可以写作两整数之比.

5.n 次方根:如果一个数的 n 次方(n 是大于 1 的整数)等于 a,那么这个数叫作 a 的 n 次方根.习惯上,将 2 次方根叫作平方根,将 3 次方根叫作立方根.

6.平方根:又叫二次方根,表示为 $\pm\sqrt{\square}$,其中属于非负数的平方根称为算术平方根.

7.无理数:无限不循环小数,不能写作两整数之比.

8.实数:有理数和无理数的统称.
实数的分类.

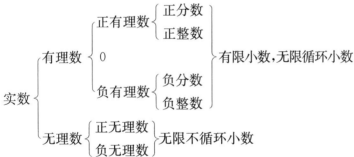

9.整除:若整数 b 除以非零整数 a,商为整数,且余数为零,我们就说 b 能被 a 整除(或说 a 能整除 b),b 为被除数,a 为除数,即 $a\mid b$("$\mid$"是整除符号),读作"a 整除 b"或"b 能被 a 整除".

10.余数:在整数的除法中,只有能整除与不能整除两种情况.当不能整除时,就产生余数.余数指整数除法中被除数未被除尽的部分,且余数的取值范围为 0 到除数之间(不包括除数)的整数,即余数小于除数.

11.奇数:不能被 2 整除的整数叫奇数,可以用 $2n+1$ 或 $2n-1$ 来表示(n 为整数).

12.偶数:能被 2 整除的数叫偶数,可以用 $2n$ 来表示(n 为整数).

> 💡 **思路点拨**
> * 若某个数可以写成两个整数之比,说明该数一定是有理数,要么是整数,要么是分数.

> 📖 **重点提炼**
> * 正数的偶次方根有 $\pm$ 两种情况,如 4 的平方根是 $\pm\sqrt{4}=\pm 2$.负数没有偶次方根(因为偶次方具有非负性).实数都有奇次方根,且奇次方根只有一个,如 8 的立方根是 $\sqrt[3]{8}=2$.
> * 考试中常见的无理数:不是整数的 n 次方根(如 $\sqrt{2}$),圆周率 $\pi=3.1415926\cdots$,自然常数 $e=2.71828\cdots$,以及不是整数的对数(如 $\log_2 3$).

13. 约数和倍数:若整数 a 能被非零整数 b 整除,则称 a 为 b 的倍数,称 b 为 a 的约数,约数也叫因数.

14. 公约数:几个整数公有的约数叫作这几个整数的公约数. 比如:4 是 8 的约数,也是 16 的约数,所以 4 就是 8 和 16 的公约数. 同理,1,2,8 也是 8 和 16 的公约数.

15. 最大公约数:把几个整数的公约数中最大的定义为最大公约数. a 和 b 的最大公约数记为 (a,b),例如:$(8,16) = 8$.

16. 互质:若两个整数的最大公约数为 1,即只有 1 这个唯一的公约数,则称两数互质.

17. 公倍数:几个整数公有的倍数叫作公倍数. 比如:6 是 3 的倍数,也是 2 的倍数,所以 6 就是 2 和 3 的公倍数. 同理 12,18,24,⋯ 也是 2 和 3 的公倍数.

18. 最小公倍数:把几个自然数的公倍数中最小的定义为最小公倍数. 几个自然数的公倍数一定是他们最小公倍数的倍数. a 和 b 的最小公倍数记为 $[a,b]$. 例如:$[2,3] = 6$.

19. 质数:在大于 1 的自然数中,除了 1 和它本身以外不再有其他约数.

20. 合数:自然数中,除了能被 1 和本身整除外,还能被其他数整除的整数.

21. 数轴:在数学中,可以用一条直线上的点表示数,这条线叫作数轴,它满足以下要求:

(1) 在直线上任取一个点表示数 0,这个点叫作原点.

(2) 通常规定直线上从原点向右为正方向,原点向左为负方向.

(3) 选取适当的长度为单位长度,直线上从原点向右,每隔一个单位长度取一个点,依次表示为 $1,2,3,\cdots$,从原点向左,用类似方法依次表示为 $-1,-2,-3,\cdots$,如图所示.

$$\xleftarrow{\qquad} \underset{-3\quad -2\quad -1\quad 0\quad 1\quad 2\quad 3}{\xrightarrow{\hspace{4cm}}}$$

22. 绝对值的代数意义:非负数的绝对值是它本身,非正数的绝对值是它的相反数,即

$$|x| = \begin{cases} x, & x > 0, \\ 0, & x = 0, \\ -x, & x < 0. \end{cases}$$

23.绝对值的几何意义:在数轴上,一个数到原点的距离叫作该数的绝对值. $|a-b|$ 代表数轴上表示 a 的点到表示 b 的点的距离.比如, $|5|$ 指在数轴上 5 与原点的距离,这个距离是 5,所以 5 的绝对值是 5.同样, $|-5|$ 指在数轴上 -5 与原点的距离,这个距离是 5,所以 -5 的绝对值也是 5. $|-3+2|$ 指数轴上 -3 和 -2 两点间的距离,这个式子值是 1.

24.比:比是由一个前项和一个后项组成的除法算式,只不过把"÷"(除号)改成了":"(比号)而已.比如, $a\div b$ 用比的形式写作 $a:b$."："是比号,读作"比".比号前面的数叫作比的前项,比号后面的数叫作比的后项,两者相除所得商叫作比值.本例中 a 是这个比的前项, b 是这个比的后项.比也可以写成分数形式,如 $\dfrac{a}{b}$,读作" a 比 b ".

25.正比:两种相关联的量,一种量变化,另一种量也随着变化,如果两种量中相对应的两个数的比值一定,这两种量就叫作成正比例的量,它们的关系叫作正比例关系.如果用字母 x 和 y 表示两种关联的量,用 k 表示它们的比值,则成正比例关系可以用下面式子表示: $\dfrac{y}{x}=k(k\neq 0,k$ 为常数$)$.

26.反比:两种相关联的量,一种量变化,另一种量也随着变化,如果两种量中相对应的两个数的乘积一定,这两种量就叫作成反比例的量,它们的关系叫作反比例关系.如果用字母 x 和 y 表示两种关联的量,用 k 表示它们的乘积,则成反比例关系可以用下面式子表示: $xy=k(k\neq 0,k$ 为常数$)$.

27.比例:表示两个或多个比相等的式子,最常见的是两个比相等的式子,例如: $a:b=c:d$,其中 a 和 d 称为比例的外项, b 和 c 称为比例的内项.在一个比例中,两个外项的积等于两个内项的积,这是比例的基本性质.比如: $a:b=c:d\Rightarrow ad=bc$.

重点提炼

- 两变量的商一定 $\Rightarrow$ 两变量成正比.正比例函数: $y=kx$.
- 两变量的积一定 $\Rightarrow$ 两变量成反比.反比例函数: $y=\dfrac{k}{x}$.

公式精讲 ▾

公式组 1 整除和宗数

公式 1 整除性质

（1）能被 2 整除的数：个位数字能被 2 整除（个位数字是偶数）.

（2）能被 3 整除的数：各个数位上的数字之和能被 3 整除.

（3）能被 4 整除的数：末两位（十位和个位）组成的两位数能被 4 整除.

（4）能被 5 整除的数：个位是 0 或 5.

（5）能被 6 整除的数：既能被 2 整除又能被 3 整除.

（6）能被 8 整除的数：末三位（百位、十位和个位）组成的三位数能被 8 整除.

（7）能被 9 整除的数：各个数位上的数字之和能被 9 整除.

（8）能被 11 整除的数：从首位或末位开始，奇数位的数字之和减去偶数位的数字之和能被 11 整除.

（9）能被 $n!$ 整除的数：连续 n 个正整数的乘积能被 $n!$ 整除.（$n! = 1 \times 2 \times 3 \times \cdots \times n$，读作 n 的阶乘.）

例 1 一个四位数满足下列条件：它的各位数字都是奇数；它的各位数字互不相同；它能被各位数字整除. 那么这样的四位数有（　　）个.

A. 5　　　　B. 6　　　　C. 7　　　　D. 8　　　　E. 9

【解析】一位奇数有 1,3,5,7,9，共五个. 由于各位数字互不相同，所以要从中选出 4 个组成四位数. 由此可知 3 和 9 至少有一个入选，那么可推出选出的 4 个数字的和必然是 3 的倍数. $1+3+5+7+9 = 25$，被 3 除余 1，也就是说没有入选的那个数字被 3 除的余数也是 1. 所以没有入选的那个数字是 1 或 7. 当没有入选的数字为 1 时，$3+5+7+9 = 24$，不是 9 的倍数. 所以没入选的数字必然是 7. 那么入选的 4 个数字为 1,3,5,9，此时只需要把数字 5 放在个位，保证这个四位数是 5 的倍数即可. 所以四位数为 1 395,1 935,3 195,3 915,9 135,9 315，共 6 个满足条件的四位数. 故选 B.

公式 2　判断整除和余数

（1）除数角度.

① 一小推不了大.

a.已知 $n \div x$ 的余数，不能确定 $n \div kx$ 的余数；

b.已知 n 是 x 的倍数，不能确定 n 是 kx 的倍数.

② 大可以推小（前提：大是小的倍数）.

a.已知 $n \div kx$ 的余数，可以确定 $n \div x$ 的余数；

b.已知 n 是 kx 的倍数，可以确定 n 是 x 的倍数.

③ 两小可以推大（前提：大是两小的最小公倍数）.

a.已知 $n \div x$ 的余数和 $n \div y$ 的余数，可以确定 $n \div [x, y]$ 的余数；

b.已知 n 是 x 的倍数和 n 是 y 的倍数，可以确定 n 是 $[x, y]$ 的倍数.

（2）被除数角度.

① 除法技巧.

a.已知 kn 是 x 的倍数，那么 n 是 $\dfrac{x}{(k, x)}$ 的倍数；

b.已知 kn 是 x 的倍数且 $(k, x) = 1$，那么 n 是 x 的倍数；

c.已知 $kn \div x$ 的余数且 $(k, x) = 1$，那么可以确定 $n \div x$ 的余数（不互质不可以）.

② 乘法技巧.

a.已知 n 是 x 的倍数，那么 kn 是 x 的倍数；

b.已知 $n \div x$ 的余数，则可以确定 $kn \div x$ 的余数.

③ 加减法技巧.

加减除数的倍数不会改变被除数 $\div$ 除数的余数.

例2 $\dfrac{n}{14}$ 是一个整数.

（1）n 是一个整数，且 $\dfrac{3n}{14}$ 也是一个整数.

（2）n 是一个整数，且 $\dfrac{n}{7}$ 也是一个整数.

【解析】条件（1）：因为 $\dfrac{3n}{14}$ 是一个整数，所以 $3n$ 是 14 的倍数.又因为 3 和 14 互质，所以 n 是 14 的倍数，故 $\dfrac{n}{14}$ 是一个整数，可以推出结论. 条件(2): $\dfrac{n}{7}$ 是一个整数只能说明 n 是 7 的倍数, 无法推出 n 是 14 的倍数, 所以无法推出结论. 故选 A.

例 3 设 n 为正整数, 则能确定 n 除以 5 的余数.

(1) 已知 n 除以 2 的余数.

(2) 已知 n 除以 3 的余数.

【解析】 条件(1), 条件(2) 单独显然不充分, 联合分析, 6 和 12 除以 2 和 3 的余数均为 0, 但除以 5 的余数则不同, 显然不能确定 n 除以 5 的余数. 故选 E.

例 4 设 n 为正整数, 则能确定 n 除以 6 的余数.

(1) 已知 n 除以 3 的余数.

(2) 已知 n 除以 4 的余数.

【解析】 条件(1), 条件(2) 单独显然不充分, 联合两个条件可以确定 n 除以 $[3,4]=12$ 的余数, 因为 12 是 6 的倍数, 所以也可以确定 n 除以 6 的余数. 故选 C.

公式组 2 约数和倍数

公式 3 求最大公约数

把每个数分别分解质因数, 再把各数中全部公有的质因数提取出来连乘, 所得的积就是这几个数的最大公约数. 例如: 求 24 和 60 的最大公约数, 先分解质因数, 得 $24 = 2 \times 2 \times 2 \times 3$, $60 = 2 \times 2 \times 3 \times 5$, 24 与 60 全部公有的质因数是 2, 2, 3, 它们的乘积是 $2 \times 2 \times 3 = 12$, 所以 $(24, 60) = 12$.

例 5 有三根铁丝, 长度分别是 120 厘米、180 厘米和 300 厘米. 现在要把它们截成相等的小段, 每根都不能剩余, 每小段最长为 a 厘米, 一共可以截成 b 段, 则 $a + b = ($ $)$.

A. 55   B. 65   C. 60   D. 70   E. 75

【解析】 要截成相等的小段且无剩余, 所以每段长度必是 120, 180 和 300 的公约数. 又要求每段尽可能长, 故每段长度就是 120, 180 和 300 的最大公约数 60, 所以 $a = 60$. 一共可以截成 $120 \div 60 + 180 \div 60 + 300 \div 60 = 2 + 3 + 5 = 10$(段), 因此 $b = 10, a + b = 70$. 故选 D.

公式 4　求最小公倍数

把几个数先分别分解质因数,再把各数中的全部公有的质因数和独有的质因数提取出来连乘,所得的积就是这几个数的最小公倍数.例如:求 6 和 15 的最小公倍数.先分解质因数,得 $6 = 2 \times 3, 15 = 3 \times 5, 6$ 和 15 的全部公有的质因数是 3;6 独有的质因数是 2;15 独有的质因数是 5,它们的乘积是 $2 \times 3 \times 5 = 30$,所以 $[6, 15] = 30$.

【方法归纳】

求三者或三者以上的最大公约数(最小公倍数)时,除了使用质因数分解法,还可以先求其中两者的最大公约数(最小公倍数),设为 x,再求 x 与余下数字的最大公约数(最小公倍数),即为所求结果.

例6 甲、乙、丙三人沿着 200 米的环形跑道跑步,甲跑完一圈要 1 分 30 秒,乙跑完一圈要 1 分 20 秒,丙跑完一圈要 1 分 12 秒.三人同时、同向、同点起跑,当三人第一次在出发点相遇时,甲、乙、丙三人各跑的圈数之和为(　　).

A. 27　　　B. 30　　　C. 36　　　D. 39　　　E. 42

【解析】首先求出三人各跑完一圈所用时间的最小公倍数:$[90, 80, 72] = 720$(秒),则甲跑了 $720 \div 90 = 8$(圈),乙跑了 $720 \div 80 = 9$(圈),丙跑了 $720 \div 72 = 10$(圈),所以三人各跑的圈数之和为 $8 + 9 + 10 = 27$.故选 A.

公式 5　倍数的个数

在确定从 m 到 n 这个范围有多少个 a 的倍数时,我们可以采用找头尾的方法.首先找到大于等于 m 的最小的 a 的倍数,假设是 a 的 x 倍,即为 ax.然后再找到小于等于 n 的最大的 a 的倍数,假设是 a 的 y 倍,即为 ay.那么在该范围内就有 $y - x + 1$ 个 a 的倍数.

比如:计算 $1 \sim 100$ 中有多少个 7 的倍数.头是 7×1,尾是 7×14,所以共有 $14 - 1 + 1 = 14$(个).

例7 在 1 到 100 之间,能被 9 整除的整数的平均值是(　　).

A. 27　　　B. 36　　　C. 45　　　D. 54　　　E. 63

【解析】1 到 100 之间能被 9 整除的整数共有 11 个:9,18,27,36,…,99.其平均值为中间项第 6 项,即 $9 \times 6 = 54$.故选 D.

公式 6　约数的个数和约数的和

设 x 分解质因数的结果为 $x = m_1^{x_1} \cdot m_2^{x_2} \cdot m_3^{x_3} \cdots \cdot m_n^{x_n}$,则 x 约数的个数是 $(x_1 + 1)(x_2 + 1) \cdots (x_n + 1)$ 个,x 所有约数的和为 $(m_1^0 + m_1^1 + \cdots + m_1^{x_1})(m_2^0 + m_2^1 + \cdots + m_2^{x_2}) \cdots (m_n^0 + m_n^1 + \cdots + m_n^{x_n})$. 比如 $60 = 2^2 \times 3^1 \times 5^1$,那么 60 的约数共有 $(2 + 1)(1 + 1)(1 + 1) = 12$(个),这 12 个约数的和为 $(2^0 + 2^1 + 2^2)(3^0 + 3^1)(5^0 + 5^1) = 168$.

公式 7　最大公约数和最小公倍数的运算公式

两个数的乘积等于它们最大公约数与最小公倍数的乘积,即 $ab = (a, b) \times [a, b]$.

例8 两个正整数甲和乙的最大公约数是 8,最小公倍数是 120,如果甲是 24,那么乙除以 5 的余数是(　　).

　A. 0　　　　B. 1　　　　C. 2　　　　D. 3　　　　E. 4

【解析】根据公式,$24 \times$ 乙 $= 8 \times 120$,所以乙 $= 40$,40 除以 5 的余数为 0.故选 A.

例9 已知两个数的最大公约数是 6,最小公倍数是 90.则这两个数按照大小顺序排列而成的数组共有(　　)组.

　A. 6　　　　B. 5　　　　C. 4　　　　D. 2　　　　E. 1

【解析】设这两个数为 a 和 b,且 $a > b$.根据条件有 $(a, b) = 6$,所以设 $a = 6k, b = 6m$,且 m 和 k 互质.根据公式,可得 $ab = 6 \times 90 = 540$,所以 $km = 15$,又因为 $k > m$,所以 k 和 m 的解有 2 组:$k = 15, m = 1; k = 5, m = 3$.所以 a 和 b 的解有 2 组:$a = 90, b = 6; a = 30, b = 18$.故选 D.

【方法归纳】

涉及约数和倍数的题目主要使用的方法包括:最大公约数和最小公倍数的公式以及分解质因数两个方法.常用技巧是利用约数的条件把未知数假设出来,如:6 是 a 的约数,就可以设 $a = 6k$(k 是整数).

公式组 3　奇数和偶数

公式 8　奇数和偶数的运算

加减运算:奇数±奇数 ＝ 偶数,偶数±偶数 ＝ 偶数,奇数±偶数 ＝ 奇数.(口诀:同偶异奇)

乘法运算:奇数×奇数 ＝ 奇数,偶数×偶数 ＝ 偶数,奇数×偶数 ＝ 偶数.(口诀:有偶则偶)

例 10 小明和小红有若干糖果,小明的糖果数量乘 3 加上小红的糖果数量乘 2 之和为 18,则小明的糖果数量为(　　).

A. 奇数　　　　　　　B. 偶数　　　　　　　C. 质数

D. 合数　　　　　　　E. 无法确定

【解析】设小明和小红的糖果数量分别为 a 和 b.根据题意,有 $3a + 2b = 18$.根据"同偶异奇"原则,可得 $3a$ 和 $2b$ 的奇偶性相同,所以 $3a$ 是偶数,根据"有偶则偶"原则,可得 a 是偶数.

故选 B.

例 11 已知 m, n 是正整数,则 m 是偶数.

(1) $3m + 2n$ 是偶数.

(2) $3m^2 + 2n^2$ 是偶数.

【解析】条件(1):$2n$ 为偶数,且 $3m + 2n$ 是偶数,则 $3m$ 也是偶数,故 m 是偶数,充分;条件(2):$2n^2$ 为偶数,且 $3m^2 + 2n^2$ 是偶数,则 $3m^2$ 是偶数,故 m^2 是偶数,所以 m 为偶数,充分. 故选 D.

例 12 $m^2 n^2 - 1$ 能被 2 整除.

(1) m 是奇数.

(2) n 是奇数.

【解析】条件(1)和条件(2)单独显然不充分,考虑联合. 当 m, n 都是奇数时,m^2, n^2 也都是奇数,此时 $m^2 n^2$ 是奇数,所以 $m^2 n^2 - 1$ 是偶数,联合充分. 故选 C.

【方法归纳】

若两整数的和为偶数,则奇偶性相同.

若两整数的和为奇数,则奇偶性相异.

多个整数的加减运算,若其中奇数的个数为奇数,则结果为奇数;若奇数的个数为偶数,则结果为偶数.

若几个整数乘积为偶数,则其中至少有 1 个偶数.

若几个整数乘积为奇数,则都为奇数.

公式 9 奇数和偶数的判定

若某整数可以表示为 $2n$,则一定为偶数;若某整数不能表示为 $2n$ 的形式,则为奇数.

例 13 有偶数位来宾.

(1)聚会时所有来宾都被安排坐在一张圆桌周围,且每位来宾与其邻座性别不同.

(2)聚会时男来宾人数是女来宾人数的两倍.

【解析】条件(1):根据题意,来宾一定是(男女),(男女),…的排列方式,所以来宾总数必须是偶数,充分.条件(2):只能确定总人数是女来宾人数的 3 倍,无法确定来宾总人数的奇偶性,不充分.故选 A.

公式组 4 质数和合数

公式 10 质数和合数的判定

(1)记忆 30 以内的质数:2,3,5,7,11,13,17,19,23,29.

(2)试除法判定质数:用各个质数从小到大去试除 a,一直除到小于 $\sqrt{a}$ 的最大质数为止.如果过程中能整除,那么 a 是合数,否则 a 是质数.比如判断 37 是不是质数:先计算小于 $\sqrt{37}$ 最大的质数为 5,所以用 2,3,5 去试除 37,发现都无法整除 37,因此 37 为质数.

例 14 已知 a 是小于 30 的质数中最大的那个,则 a 各位数字的乘积是(   ).

A. 6   B. 8   C. 12   D. 16   E. 18

【解析】30 以内最大的质数是 29,各位数字乘积为 $2 \times 9 = 18$.故选 E.

例 15 三名小孩中有一名学龄前儿童(年龄不足 6 岁),他们的年龄都是质数(素数),且依次相差 6 岁,则他们的年龄之和为(   ).

A. 21   B. 27   C. 33   D. 39   E. 51

【解析】先看学龄前儿童,小于 6 的质数只有 2,3,5.若为 2 岁,$2+6=8$,不合题意;若为 3 岁,$3+6=9$,不合题意;若为 5 岁,$5+6=11,11+6=17$,符合.故 $5+11+17=33$.故选 C.

例 16 设 a,b,c 是小于 12 的三个不同的质数(素数),且 $|a-b|+|b-c|+|c-a|=8$,则 $a+b+c=($).

A. 10　　　　B. 12　　　　C. 14　　　　D. 15　　　　E. 19

【解析】由于本题所求的结论并不受到 a,b,c 三者大小关系影响,因此不妨假设 $a>b>c$,那么原式可化为 $a-b+b-c+a-c=2a-2c=8$,所以有 $a-c=4$,而 12 以内的质数有 $2,3,5,7,11$,因为 a 和 c 相隔一个质数 b,所以 $a=7,c=3,b=5$,因此 $a+b+c=15$. 故选 D.

公式 11　质数的运算

(1) 2 是质数中最特殊的一个:2 是唯一的偶质数.

(2) 两质数之和或之差是奇数,那么其中必有一个质数为 2.

(3) 两质数的乘积为偶数,那么其中必有一个质数为 2.

例 17 20 以内的质数中,两个质数的和是质数的共有( )种.

A. 2　　　　B. 3　　　　C. 4　　　　D. 5　　　　E. 6

【解析】要想两个质数的和还是质数,首先需要满足的条件是这两个质数的和为奇数,所以其中一个质数必然是 2. 然后把所有情况枚举出来:$2+3,2+5,2+11,2+17$,共有 4 种. 故选 C.

例 18 已知 a 是质数,b 是奇数,且 $a^2+b=2\,023$,则 $|a-b|=$( ).

A. 2 013　　B. 2 014　　C. 2 015　　D. 2 106　　E. 2 017

【解析】因为 b 是奇数,且 2 023 是奇数,所以 a^2 是偶数,又 a 是质数,则 $a=2$,所以 $b=2\,023-4=2\,019$,则 $|a-b|=2\,017$. 故选 E.

公式组 5　有理数和无理数

公式 12　根式的运算

(1) 开方运算.

① 开偶次方加绝对值,如 $\sqrt{a^2}=|a|$.

② 开奇次方直接开,如 $\sqrt[3]{a^3}=a$.

(2) 分母有理化.

如 $\dfrac{1}{\sqrt{2}}=\dfrac{1\times\sqrt{2}}{\sqrt{2}\times\sqrt{2}}=\dfrac{\sqrt{2}}{2}$;$\dfrac{1}{\sqrt{2}+1}=\dfrac{1\times(\sqrt{2}-1)}{(\sqrt{2}+1)(\sqrt{2}-1)}=\sqrt{2}-1$.

例 19 实数 a,b,c 在数轴上的位置如图所示,则 $\sqrt{a^2}-|a+b|+\sqrt{(c-a)^2}+|b+c|$ 化简的结果为( ).

思路点拨

• 质数中只有 1 个偶数 2,所以当条件出现质数的运算时,可以考虑奇偶性.

A. a B. $-a$ C. 0

D. $a+b$ E. 以上结论都不对

【解析】由图中 a,b,c 的大小可知，

$$\sqrt{a^2} - |a+b| + \sqrt{(c-a)^2} + |b+c|$$
$$= |a| - |a+b| + |c-a| + |b+c|$$
$$= (-a) - [-(a+b)] + (c-a) + [-(b+c)]$$
$$= -a+a+b+c-a-b-c = -a.$$

故选 B.

▌公式 13 循环小数化分数

（1）纯循环小数化分数：循环节作为分子，循环节有几位分母就有几个 9.

比如 $0.121\,212\cdots = \dfrac{12}{99}$；$0.176\,176\,176\cdots = \dfrac{176}{999}$.

（2）混循环小数化分数：

① 转化为纯循环小数计算.

比如 $0.166\,66\cdots = 0.1 + 0.066\,6\cdots = 0.1 + \dfrac{1}{10} \times 0.666\cdots =$

$\dfrac{1}{10} + \dfrac{1}{10} \times \dfrac{6}{9} = \dfrac{1}{6}$.

② 用第二个循环节之前的小数部分所组成的数，减去不循环部分所得的差，以这个差作为分数的分子；分母的前几位数字是 9，末几位数字为 0；9 的个数与一个循环节的位数相同，0 的个数与不循环部分的位数相同.

比如 $0.166\,66\cdots = \dfrac{16-1}{90} = \dfrac{1}{6}$；

$$0.236\,767\,67\cdots = \dfrac{2\,367-23}{9\,900} = \dfrac{2\,344}{9\,900} = \dfrac{586}{2\,475}.$$

例 20 纯循环小数 $0.\dot{a}b\dot{c}$ 写成最简分数时，分子与分母之和是 58，则这个循环小数是（   ）.

A. $0.\dot{5}6\dot{7}$ B. $0.\dot{5}3\dot{7}$ C. $0.\dot{5}1\dot{7}$

D. $0.\dot{5}6\dot{9}$ E. $0.\dot{5}6\dot{2}$

【解析】已知 $0.\dot{a}b\dot{c} = \dfrac{abc}{999}$，写成最简分数时分子与分母之和为 58，因此需要约分化简，分子分母同时除以 9，此时分母为

$111 > 58$,因此继续约分,111 除以 3 等于 $37 < 58$,因此分子为 $58 - 37 = 21$,因此 $abc = 21 \times 3 \times 9 = 567$.故选 A.

公式 14 有理数和无理数的运算规律

若 A, B 表示有理数,并且 $A \times$ 无理数 $+ B = 0$,则 $A = B = 0$.

原理:

① 两个有理数之间的四则运算结果都是有理数.

② 两个无理数之间的四则运算结果不确定.

③ 一个有理数和一个无理数的加减运算是无理数.

④ 一个非 0 有理数和一个无理数的乘除运算是无理数.

例 21 若 x, y 是有理数,且满足 $(2 - \sqrt{2})x - 3\sqrt{2} = y + 1$,则 x, y 的值分别为( ).

A. $2, 3$ B. $-5, 2$ C. $-3, -7$

D. $1, 7$ E. 以上结论都不正确

【解析】$(2 - \sqrt{2})x - 3\sqrt{2} = y + 1 \Rightarrow (2x - y - 1) - (x + 3) \cdot \sqrt{2} = 0$,因为 x 和 y 都为有理数,根据有理数的运算性质,$(x + 3)$ 一定为一个有理数,所以 $\begin{cases} x + 3 = 0, \\ 2x - y - 1 = 0, \end{cases}$ 得 $\begin{cases} x = -3, \\ y = -7. \end{cases}$ 故选 C.

公式组 6 绝对值的运算

公式 15 讨论法去绝对值符号

$$|x| = \begin{cases} x, & x > 0, \\ 0, & x = 0, \\ -x, & x < 0. \end{cases}$$

例 22 化简 $|a - 1| + a - 1 = ($).

A. $2a - 2$ B. 0 C. $2a - 2$ 或 0

D. $2 - 2a$ E. $2 - 2a$ 或 0

【解析】当 $a \geqslant 1$ 时,$|a - 1| + a - 1 = a - 1 + a - 1 = 2a - 2$.

当 $a < 1$ 时,$|a - 1| + a - 1 = 1 - a + a - 1 = 0$.故选 C.

例 23 已知 $g(x) = \begin{cases} 1, & x > 0, \\ -1, & x < 0, \end{cases}$ $f(x) = |x - 1| - g(x)|x + 1| + |x - 2| + |x + 2|$,则 $f(x)$ 是与 x 无关的常数.

(1)$-1 < x < 0$.

(2)$1 < x < 2$.

📖 快速记忆

• 两个讲道理的数(有理数)的四则运算结果一定是讲道理的数(有理数).

• 两个不讲道理的数(无理数)的四则运算结果是不确定的(或许物极必反).如:$\sqrt{3} - \sqrt{3} = 0$.

• 如果一个有理数和一个无理数的乘除运算结果为有理数,那么这个有理数为 0.

【解析】条件(1):当 $-1 < x < 0$ 时,$g(x) = -1$,所以 $f(x) = (1-x) + (x+1) + (2-x) + (x+2) = 6$,充分.条件(2):当 $1 < x < 2$ 时,$g(x) = 1$,所以 $f(x) = (x-1) - (x+1) + (2-x) + (x+2) = 2$,充分.故选 D.

▍公式 16　非负性公式

(1) 任何实数 a 的绝对值非负,即 $|a| \geqslant 0$.

(2) 具有非负性的代数式主要有三种:偶次方,偶次方根,绝对值.

(3) 如果几个具有非负性的代数式的和为 0,则说明这几个具有非负性的代数式都为 0.

例 24 已知 $|x-y+1| + (2x-y)^2 = 0$,那么 xy 的值是(　　).

A. 1　　　　B. 0　　　　C. 2　　　　D. 3　　　　E. -1

【解析】根据非负性可以推出 $|x-y+1| = (2x-y)^2 = 0$,所以 $x-y+1 = 0$ 且 $2x-y = 0$,解得 $x = 1, y = 2$,所以 $xy = 2$.故选 C.

例 25 若 $\sqrt{(a-60)^2} + |b+90| + (c-130)^{10} = 0$,则 $a+b+c$ 的值是(　　).

A. 0　　　B. 280　　　C. 100　　　D. -100　　E. 无法确定

【解析】三个代数式都是具有非负性的式子,三者的和为 0,则这三个代数式都为 0,所以 $a = 60, b = -90, c = 130$,则 $a+b+c = 60 - 90 + 130 = 100$.故选 C.

▍公式 17　自比性公式

(1) 单变量的自比性. $\dfrac{|x|}{x} = \dfrac{x}{|x|} = \begin{cases} 1, & x > 0, \\ -1, & x < 0. \end{cases}$

(2) 三变量的自比性(见表).

a, b, c 的正负性	$\dfrac{a}{|a|} + \dfrac{b}{|b|} + \dfrac{c}{|c|}$ 的值
a, b, c 中三正	3
a, b, c 中两正一负	1
a, b, c 中一正两负	-1
a, b, c 中三负	-3

	$a+b+c > 0$	$a+b+c = 0$	$a+b+c < 0$
$abc > 0$	a, b, c 三正或一正两负	a, b, c 一正两负	a, b, c 一正两负
$abc < 0$	a, b, c 两正一负	a, b, c 两正一负	a, b, c 两正一负或三负

例 26 已知 $\dfrac{|x|}{x} + \dfrac{|y|}{y} + \dfrac{|z|}{z} = 1$,则 $\dfrac{|xy|}{xy} + \dfrac{|xz|}{xz} + \dfrac{|yz|}{yz}$ 的值是( ).

A. 1   B. 0   C. -3 D. 3   E. -1

【解析】根据绝对值自比性的性质,$\dfrac{|x|}{x},\dfrac{|y|}{y},\dfrac{|z|}{z}$ 等于 1 或 -1,因为三者的和为 1,所以这三者中有 2 个值为 1,剩下的 1 个值为 -1. 也就意味着 x,y,z 三者两正一负,所以 xy,yz,zx 三者是两负一正,所以 $\dfrac{|xy|}{xy} + \dfrac{|xz|}{xz} + \dfrac{|yz|}{yz} = -1$. 故选 E.

例 27 $\dfrac{b+c}{|a|} + \dfrac{c+a}{|b|} + \dfrac{a+b}{|c|} = 1$.

(1) 实数 a,b,c 满足 $a+b+c = 0$.

(2) 实数 a,b,c 满足 $abc > 0$.

【解析】两个条件单独显然不能推出结论;联合两个条件:首先判断出 a,b,c 为一正两负;根据条件(1)有 $\dfrac{b+c}{|a|} + \dfrac{c+a}{|b|} + \dfrac{a+b}{|c|} = \dfrac{-a}{|a|} + \dfrac{-b}{|b|} + \dfrac{-c}{|c|} = -\left(\dfrac{a}{|a|} + \dfrac{b}{|b|} + \dfrac{c}{|c|}\right)$;再结合 a,b,c 为一正两负,可以推出原式等于 1. 故选 C.

公式组 7   绝对值的和差模型

公式 18   绝对值的和模型

$f(x) = |ax-m| + |ax-n|$,此种函数表达式为绝对值的和模型,没有最大值,只有最小值,且在两个零点之间取得最小值 $|m-n|$. 图像的特点为两头高,中间平.

① 和模型的识别:两个绝对值相加,且两个绝对值内 x 的系数相同或者互为相反数.(相反数可以通过绝对值的对称性调整为系数相同)

② 和模型的最值情况:有最小值 $|m-n|$,无最大值.

③ 取到最值的情况:零点指的是让两个绝对值分别等于 0 的 x 的值,在两个零点之间取得最小值.

例 28 已知 $f(x) = |2x+1| + |-2x+4|$,请说明 $f(x)$ 的最值情况.

【解析】① 识别出 $f(x)$ 是和模型:两个绝对值相加,并且绝对值内 x 的系数互为相反数.

思路点拨

- 具有自比性的式子的值只能是 1 或 -1,取决于绝对值内部的正负.

- 解决自比性问题的核心思路就是确定变量的正负.

② 将 $f(x)$ 根据绝对值的对称性调整成标准和模型的形式:
$$f(x) = |\,2x - (-1)\,| + |\,2x - 4\,|.$$

③ 根据和模型的结论,$f(x)$ 有最小值,无最大值,最小值为 $|-1-4| = 5$.

④ 该和模型的两个零点为 $x_1 = -\dfrac{1}{2}$,$x_2 = 2$,所以最小值在 $\left[-\dfrac{1}{2}, 2\right]$ 之间取到.

例 29 不等式 $|\,x-2\,| + |\,4-x\,| < s$ 无解.

(1)$s \leqslant 2$.

(2)$s > 2$.

【解析】欲使得 $|\,x-2\,| + |\,4-x\,| < s$ 无解,只需满足 $|\,x-2\,| + |\,4-x\,| \geqslant s$ 恒成立. 根据绝对值的和模型,$|\,x-2\,| + |\,4-x\,|$ 的最小值为 $|\,4-2\,| = 2$,所以欲使结论成立,只需满足 $2 \geqslant s$. 故选 A.

▌**公式 19 绝对值的差模型**

$f(x) = |\,ax-m\,| - |\,ax-n\,|$,此种函数表达式为绝对值的差模型,既有最大值,也有最小值,分别在零点的两侧取得且两个最值为 $\pm|\,m-n\,|$. 图像的特点为两头平,中间斜.

① 差模型的识别:两个绝对值相减,两个绝对值内 x 的系数相同或者互为相反数.

② 差模型的最值情况:最小值 $-|\,m-n\,|$,最大值 $|\,m-n\,|$.

③ 取到最值的情况:两个零点之外,具体要结合题目进行分析.

例 30 已知 $f(x) = |\,2x+1\,| - |\,-2x+4\,|$,请说明 $f(x)$ 的最值情况.

【解析】① 识别出 $f(x)$ 是差模型:两个绝对值相减,并且绝对值内 x 的系数互为相反数.

② 将 $f(x)$ 根据绝对值的对称性调整成标准差模型的形式:
$$f(x) = |\,2x - (-1)\,| - |\,2x - 4\,|.$$

③ 根据差模型的结论,$f(x)$ 最小值为 $-|-1-4| = -5$,$f(x)$ 最大值为 $|-1-4| = 5$.

④ 该差模型的两个零点为 $x_1 = -\dfrac{1}{2}$,$x_2 = 2$,下面对零点进行代入验证. 当 $x = -\dfrac{1}{2}$ 时,$f(x) = -5$;当 $x = 2$ 时,$f(x) = 5$.

所以最小值在 $\left(-\infty, -\dfrac{1}{2}\right]$ 处取到,最大值在 $[2, +\infty)$ 处取到.

例31 不等式 $|x-2|-|4-x|<s$ 无解.

(1)$s\leqslant-2$.

(2)$s>-2$.

【解析】欲使得 $|x-2|-|4-x|<s$ 无解,只需满足 $|x-2|-|4-x|\geqslant s$ 恒成立.根据绝对值的差模型,$|x-2|-|4-x|$ 的最小值为 $-|4-2|=-2$,所以欲使结论成立,只需满足 $-2\geqslant s$.故选 A.

公式组 8 比例运算

公式20 设 k 法

在解决比例问题时可以利用设 k 的方式简化比例关系.比如题目给出条件 $a:b=3:5$,就可以假设 $a=3k, b=5k$ 来处理后续的问题.再比如题目给出条件 $\dfrac{a}{b}=\dfrac{c}{d}$,就可以假设 $\dfrac{a}{b}=\dfrac{c}{d}=k$,进而得到 $a=bk, c=dk$ 来处理后续的问题.下面用设 k 法来证明等比定理.

已知 $\dfrac{a}{b}=\dfrac{c}{d}=\dfrac{e}{f}$,那么不妨假设 $\dfrac{a}{b}=\dfrac{c}{d}=\dfrac{e}{f}=k$,则 $\begin{cases} a=bk, \\ c=dk, \\ e=fk, \end{cases}$ 将三个等式相加,得 $a+c+e=(b+d+f)k$,当 $b+d+f\neq0$ 时,可以把它移到等号左边,得 $\dfrac{a+c+e}{b+d+f}=k$.故当 $b+d+f\neq0$ 时,

$$\frac{a}{b}=\frac{c}{d}=\frac{e}{f}=\frac{a+c+e}{b+d+f}.$$

例32 已知 $\dfrac{x}{2}=\dfrac{y}{3}=\dfrac{z}{4}$,且 $xyz\neq0$,则 $\dfrac{x-2y+3z}{3x-z}=(\quad)$.

A. 2　　　　B. 3　　　　C. 4　　　　D. 5　　　　E. 6

【解析】设 $\dfrac{x}{2}=\dfrac{y}{3}=\dfrac{z}{4}=k$,则 $x=2k, y=3k, z=4k$,且 $k\neq0$.所以 $\dfrac{x-2y+3z}{3x-z}=\dfrac{2k-6k+12k}{6k-4k}=4$.故选 C.

公式21 连比转化

若甲:乙 $=a:b$,乙:丙 $=c:d$,则甲:乙:丙 $=ac:bc:bd$.

例33 盒子里有红、白、黑三种颜色的球共 68 个,红球与白球的个数之比是 1:2,白球与黑球的个数之比是 3:4,则红球有（　　）个.

  A. 10   B. 12   C. 14   D. 16   E. 18

【解析】红球:白球 = 1:2 = 3:6,白球:黑球 = 3:4 = 6:8. 所以红球:白球:黑球 = 3:6:8.因此红球有 $68 \div (3+6+8) \times 3 = 12$(个). 故选 B.

公式 22　比例定理

若 a,b,c,d,e,f 都是不为 0 的实数,则有如下定理:

(1) 基本定理: $\dfrac{a}{b} = \dfrac{c}{d} \Leftrightarrow ad = bc$.

(2) 更比定理: $\dfrac{a}{b} = \dfrac{c}{d} \Leftrightarrow \dfrac{a}{c} = \dfrac{b}{d}$.

(3) 反比定理: $\dfrac{a}{b} = \dfrac{c}{d} \Leftrightarrow \dfrac{b}{a} = \dfrac{d}{c}$.

(4) 合比定理: $\dfrac{a}{b} = \dfrac{c}{d} \Leftrightarrow \dfrac{a+b}{b} = \dfrac{c+d}{d}$.

(5) 分比定理: $\dfrac{a}{b} = \dfrac{c}{d} \Leftrightarrow \dfrac{a-b}{b} = \dfrac{c-d}{d}$.

(6) 等比定理: 若 $\dfrac{a}{b} = \dfrac{c}{d} = \dfrac{e}{f}$,则有 $\dfrac{a}{b} = \dfrac{c}{d} = \dfrac{e}{f} = \dfrac{a+c+e}{b+d+f}(b+d+f \neq 0)$.

例34 设 a,b 是互质的正整数,且 $\dfrac{a}{b} = \dfrac{a+14}{b+49}$,则 $ab =$（　　）.

  A. 12   B. 14   C. 16   D. 18   E. 20

【解析】根据比例基本性质(交叉相乘,积相等),可得 $ab + 49a = ab + 14b \Rightarrow 7a = 2b$. 又因为 a 和 b 是互质的正整数,所以 $a = 2, b = 7$,因此 $ab = 14$. 故选 B.

例35 若非零实数 a,b,c,d 满足等式 $\dfrac{a}{b+c+d} = \dfrac{b}{a+c+d} = \dfrac{c}{a+b+d} = \dfrac{d}{a+b+c} = n$,则 n 的值为（　　）.

  A. -1 或 $\dfrac{1}{4}$ B. $\dfrac{1}{3}$ C. $\dfrac{1}{4}$

  D. -1 E. -1 或 $\dfrac{1}{3}$

📖 **重点提炼**

• 不需要记忆比例定理的名字,重点掌握等比定理.

• 等比定理的使用前提是分母的和不为 0(注意这是个易错点).

• 等比定理内容可记忆为分子的和/分母的和,本质上几个比相等的都可以使用,但需要注意使用前提.

【解析】当 $a+b+c+d \neq 0$ 时,由等比定理可得

$$\frac{a}{b+c+d} = \frac{b}{a+c+d} = \frac{c}{a+b+d}$$

$$= \frac{d}{a+b+c} = \frac{a+b+c+d}{3(a+b+c+d)} = \frac{1}{3},$$

即 $n = \frac{1}{3}$. 当 $a+b+c+d = 0$ 时,$b+c+d = -a$,则 $\frac{a}{b+c+d} =$

$\frac{a}{-a} = -1$,即 $n = -1$. 故选 E.

公式导图 ▾

- 算术
  - 整除和余数
    - 整除性质
    - 判断整除和余数
  - 约数和倍数
    - 求最大公约数
    - 求最小公倍数
    - 倍数的个数
    - 约数的个数和约数的和
    - 最大公约数和最小公倍数的运算公式
  - 奇数和偶数
    - 奇数和偶数的运算
    - 奇数和偶数的判定
  - 质数和合数
    - 质数和合数的判定
    - 质数的运算
  - 有理数和无理数
    - 根式的运算
    - 循环小数化分数
    - 有理数和无理数的运算规律
  - 绝对值的运算
    - 讨论法去绝对值符号
    - 非负性公式
    - 自比性公式
  - 绝对值的和差模型
    - 绝对值的和模型
    - 绝对值的差模型
  - 比例运算
    - 设 k 法
    - 连比转化
    - 比例定理

✏️公式演练 ▾

1. 两个相邻的正整数都是合数,则这两个数的乘积的最小值是( ).

    A. 420   B. 240   C. 210   D. 90   E. 72

2. 已知 $\dfrac{a}{|a|} + \dfrac{|b|}{b} + \dfrac{c}{|c|} = 1$,则 $\left(\dfrac{|abc|}{abc}\right)^{2\,020} \div$

    $\left(\dfrac{bc}{|ab|} \cdot \dfrac{ac}{|bc|} \cdot \dfrac{ab}{|ac|}\right)$ 的值为( ).

    A. 1   B. -1 C. ± 1 D. $\dfrac{1}{3}$ E. $\dfrac{1}{2}$

3. 若 3 个质数的和为 22,则这 3 个数的乘积为( ).

    A. 102   B. 117   C. 128

    D. 182   E. 以上都不正确

4. 将长、宽、高分别是 12,9 和 6 的长方体切割成正方体,且切割后无剩余,则能切割成相同正方体的最少个数为( ).

    A. 3   B. 6   C. 24   D. 96   E. 648

5. 若对于任意实数 x,不等式 $|2x-3|-|2x-4|<a$ 恒成立,则实数 a 的取值范围是( ).

    A. $a<1$ B. $a>-1$ C. $a<-1$

    D. $|a|<1$ E. $a>1$

6. 若 x,y 是有理数,且满足 $(1+2\sqrt{3})x + (1-\sqrt{3})y - 2 + 5\sqrt{3} = 0$,则 x,y 的值分别为( ).

    A. 1,3   B. $-1,2$ C. $-1,3$

    D. 1,2   E. 以上结论都不正确

7. 已知 $a<c<0<b$,且 $|b|<|c|$,则 $|b-c|-|b+c|+|a-c|-|a+c|-|a-b|+|a+b| = ($).

    A. 0   B. $2c$ C. $2a-2b$

    D. $2b-2c$ E. $2c-2b$

8. 在 1～100 的自然数中,能被 3 或 7 整除的数的个数是( ).

    A. 33   B. 35   C. 43   D. 45   E. 53

9. 将 $0.\dot{1}+0.125+0.\dot{3}+0.1\dot{6}$ 化成最简分数后,分子与分母相差( ).

    A. 16   B. 17   C. 18

    D. 19   E. 20

10. 若 $|x+1|+|2-x|=3$,则 x 的取值范围内包含( )个整数.

    A. 0   B. 1   C. 2   D. 3   E. 4

11. 已知 $\dfrac{4+5x}{6+5y}=\dfrac{0.9}{1.35}$,则 $\dfrac{y}{x}=($).

    A. $\dfrac{1}{2}$ B. $\dfrac{2}{3}$ C. $\dfrac{3}{2}$ D. 1   E. 2

12. 老师给小朋友们分糖果,已知小明分得的数量与小红分得的数量之比为 1:2,小红分得的数量和小刚分得的数量之比为 3:4. 若小明分得的糖果有6块,那么小刚分得( )块糖果.

    A. 12   B. 14   C. 16   D. 18   E. 20

13. 已知实数 a 满足 $a+\sqrt{a^2}+\sqrt[3]{(-a)^3}=1$,则 $|a-1|+|a+1|=($).

    A. 0   B. 1   C. 2   D. 3   E. 4

14. 已知 $\dfrac{x}{5}=\dfrac{y}{4}=\dfrac{z}{3}(x,y,z$ 均不为零),则 $\dfrac{x+y}{3y-2z}=($).

    A. $\dfrac{1}{2}$ B. $\dfrac{2}{3}$ C. $\dfrac{3}{5}$ D. $\dfrac{3}{2}$ E. $\dfrac{7}{22}$

15. 72 的约数的个数是( ),所有约数的和是( ).

    A. 12;195   B. 11;196   C. 6;195

    D. 6;168   E. 12;168

16. 某公司规定,门窗每 3 天擦拭一次,绿化植物每 5 天浇一次水,消防设施每 2 天检查一次. 如果上述三项工作刚好集中在星期三都完成了,那么下一次三项工作集中在同一天完成是在( ).

    A. 星期一   B. 星期二   C. 星期四

    D. 星期五   E. 星期六

17. 若 M 是一个奇数,N 是一个偶数,则下列( )的值一定是奇数.

    A. $4M+3N$ B. $3M+2N$ C. $2M+7N$

    D. $2(M+N)$ E. MN

18. 已知两个自然数的积为 240,最小公倍数为 60,则这两个自然数最大相差( ).

    A. 3   B. 21   C. 36   D. 56   E. 58

19. 若 n 是一个大于 100 的正整数,则 n^3-n 一定有约数( ).

    A. 5   B. 6   C. 7   D. 8   E. 9

20. 设 n 为自然数,被 5 除余数为 2,被 6 除余数为 3,被 7 除余数为 4,若 $100<n<800$,则这样的数共有( )个.

    A. 1   B. 2   C. 3   D. 4   E. 5

21. 已知 a 是整数,则 $\dfrac{9a}{28}$ 是整数.

   (1) $\dfrac{9a}{14}$ 是一个整数.

   (2) $\dfrac{7a}{16}$ 是一个整数.

22. 已知 n 为正整数,则可以确定 n 除以 6 的余数.

   (1) 已知 $3n$ 除以 2 的余数.

   (2) 已知 $2n$ 除以 3 的余数.

23. $a+(-b)^{100}=\dfrac{2}{3}$.

   (1) $|3a+1|$ 与 $(b-1)^2$ 互为相反数.

   (2) $|3a+1|$ 与 $(b+1)^2$ 互为相反数.

24. 存在正整数 a,b,使得 $ab=750$.

   (1) a,b 的最大公约数是 35.

   (2) a,b 的最大公约数是 15.

25. 若 x 为无理数,则 $(x+1)(x+3)$ 为有理数.

   (1) $(x+2)^2$ 为有理数.

   (2) $(x+2)(x-2)$ 为有理数.

参考答案与解析

答案速查:1～5 EAECE 6～10 CBCDE 11～15 CCCDA 16～20 DBDBC
21～25 CCDEA

1. E 【解析】本题运用公式 10. 正向做题的思路就是列出合数:4,6,8,9. 发现 8,9 连续,所以答案为 $8×9=72$. 反向做题的思路是观察选项,从最小的选项开始尝试,发现最小的 $72=8×9$,符合题意. 故选 E.

2. A 【解析】本题运用公式 17. 因为 $\dfrac{a}{|a|}+\dfrac{|b|}{b}+\dfrac{c}{|c|}=1$,说明 a,b,c 三者两正一负,所以 $abc<0$,原式 $=(-1)^{2\,020}\div\dfrac{a^2\,b^2\,c^2}{|a^2\,b^2\,c^2|}=1\div 1=1$. 故选 A.

3. E 【解析】本题运用公式 11. 三个质数的和为 22,22 为偶数,所以其中一定有 2,另外两个质数的和为 20,而 $20=3+17=7+13$,所以 3 个数的乘积为 102 或 182. 故选 E.

4. C 【解析】本题运用公式 3. 要想保证切割后无剩余,正方体的棱长应该为长方体长、宽、高三者的公约数. 欲使切割后正方体最少,需要切割后正方体棱长尽可能大. 三者最大公约数为 3,所以正方体棱长取 3,那么得到的正方体个数为 $\dfrac{12}{3}×\dfrac{9}{3}×\dfrac{6}{3}=24$. 故选 C.

5. E 【解析】本题运用公式 19. 根据绝对值的差模型可得，$|2x-3|-|2x-4|$ 的最大值为 1，当 $a>1$ 时，不等式恒成立. 故选 E.

6. C 【解析】本题运用公式 14. 将原方程转化为 $(x+y-2)+(2x-y+5)\sqrt{3}=0$，可以得到 $x+y-2=0$ 且 $2x-y+5=0$，解得 $x=-1,y=3$. 故选 C.

7. B 【解析】本题运用公式 15. 根据绝对值内部正负性去掉绝对值，可得 $b-c+b+c-a+c+a+c+a-b-a-b=2c$. 故选 B.

8. C 【解析】本题运用公式 5. 在 $1\sim100$ 的自然数中，能被 3 整除的数有 33 个，能被 7 整除的数有 14 个，其中 $21,42,63,84$ 能同时被 3 和 7 整除（21 的倍数有 4 个），故能被 3 或 7 整除的数的个数是 $33+14-4=43$. 故选 C.

9. D 【解析】本题运用公式 13. 由于 $0.\dot{a}=\dfrac{a}{9}$，则 $0.\dot{1}+0.125+0.\dot{3}+0.\dot{1}\dot{6}=\dfrac{1}{9}+\dfrac{1}{8}+\dfrac{3}{9}+\dfrac{15}{90}=\dfrac{11}{18}+\dfrac{1}{8}=\dfrac{53}{72}$，因此分子与分母相差 $72-53=19$. 故选 D.

10. E 【解析】本题运用公式 18. 由绝对值的和模型可得 $|x+1|+|2-x|$ 的最小值为 3，此时 x 在 $-1\sim2$ 之间取到最小值，故 x 的取值范围是 $-1\leqslant x\leqslant2$，此范围包括 $-1,0,1,2$ 共 4 个整数. 故选 E.

11. C 【解析】本题运用公式 22. $\dfrac{4+5x}{6+5y}=\dfrac{0.9}{1.35}\Rightarrow\dfrac{4+5x}{6+5y}=\dfrac{2}{3}$，有 $12+15x=12+10y$，即 $\dfrac{y}{x}=\dfrac{15}{10}=\dfrac{3}{2}$. 故选 C.

12. C 【解析】本题运用公式 21. 根据连比转化可得小明∶小红∶小刚 $=3∶6∶8$. 那么小刚分得的糖果数为 $6\div3\times8=16$. 故选 C.

13. C 【解析】本题运用公式 12. 由 $a+\sqrt{a^2}+\sqrt[3]{(-a)^3}=1$，可得 $a+|a|+(-a)=1$，即 $|a|=1$，故 $a=1$ 或 -1. 将 a 的取值代入，可得 $|a-1|+|a+1|=2$. 故选 C.

14. D 【解析】本题运用公式 20. 设 $x=5k,y=4k,z=3k(k\neq0)$，则 $\dfrac{x+y}{3y-2z}=\dfrac{5k+4k}{12k-6k}=\dfrac{3}{2}$. 故选 D.

15. A 【解析】本题运用公式 6. 因为 $72=2^3\times3^2$，约数的个数为 $(3+1)\times(2+1)=12$，所有约数的和为 $(2^3+2^2+2^1+2^0)\times(3^0+3^1+3^2)=195$. 故选 A.

16. D 【解析】本题运用公式 4. 2,3,5 的最小公倍数是 30，则下一次三项工作集中在同一天完成是在 30 天之后，而 $30\div7=4\cdots\cdots2$，余数是 2，故下一次三项工作集中在同一天完成是在星期五. 故选 D.

17. B 【解析】本题运用公式 8. M 为奇数，N 为偶数，则 $4M,2M,3N,2N,7N,MN$ 为偶数，$3M,M+N$ 为奇数，根据"同偶异奇"可知只有 B 选项为奇数. 故选 B.

18. D 【解析】本题运用公式 7. 设两数为 a 和 b, 则两者最大公约数为 $240 \div 60 = 4$. 设 $a = 4x, b = 4y$ (那么 x 和 y 互质, 否则 4 不是最大公约数), 所以 $4xy$ 即为最小公倍数 60, 即 $xy = 15$. 当 x, y 为 1, 15 时, 两个自然数相差最大. 此时差为 $60 - 4 = 56$. 故选 D.

19. B 【解析】本题运用公式 1. $n^3 - n = n(n+1)(n-1)$, 三个相邻的自然数中, 必然能被 $3! = 6$ 整除, 所以一定有约数 6. 故选 B.

20. C 【解析】本题运用公式 4. 首先观察题目特征: $5 - 2 = 6 - 3 = 7 - 4 = 3$. 所以 $n + 3$ 既能被 5 整除又能被 6 整除还能被 7 整除. 5, 6, 7 的最小公倍数是 210, 故设 $n = 210k - 3$ (k 为正整数), 又 $100 < n < 800$, 令 k 取 1, 2, 3, 可得 $n = 207$ 或 $n = 417$ 或 $n = 627$. 故选 C.

21. C 【解析】本题运用公式 2. 结论可以转化为 $9a$ 是 28 的倍数, 由于 9 和 28 互质, 所以结论进一步转化为 a 是 28 的倍数. 由于 9 和 14 互质, 条件 (1) 可转化为 a 是 14 的倍数; 同理条件 (2) 可转化为 a 是 16 的倍数. 两个条件单独都无法推出结论, 联合则可以确定 a 既能被 14 整除, 也能被 16 整除, 所以 a 是 14 和 16 的公倍数, 即 a 是 $[14, 16] = 112$ 的倍数, 那么 a 必然是 28 的倍数. 故选 C.

22. C 【解析】本题运用公式 2. 由于 2 和 3 互质, 所以条件 (1) 可以转化为已知 n 除以 2 的余数, 条件 (2) 可以转化为已知 n 除以 3 的余数. 两个条件单独显然无法推出结论. 联合则可以确定 n 除以 $[2, 3] = 6$ 的余数. 故选 C.

23. D 【解析】本题运用公式 16. 根据非负性可得, 条件 (1), $b = 1, a = -\dfrac{1}{3}$, 代入满足. 条件 (2), $b = -1, a = -\dfrac{1}{3}$, 代入满足. 故选 D.

24. E 【解析】本题运用公式 7. 由 $ab = (a,b) \times [a,b]$, 对结论进行等价转化可得 $[a,b] = \dfrac{750}{(a,b)}$. 对于条件 (1), $(a,b) = 35$ 不能整除 750, 故不充分; 对于条件 (2), $(a,b) = 15 \Rightarrow [a,b] = 50$, 但最小公倍数却不是最大公约数的倍数, 因此也不充分. 故选 E.

25. A 【解析】本题运用公式 14. $(x+1)(x+3) = x^2 + 4x + 3$. 对于条件 (1), $(x+2)^2 = x^2 + 4x + 4$ 为有理数, 则 $(x+1)(x+3) = (x+2)^2 - 1$ 为有理数 (有理数 − 有理数 = 有理数); 对于条件 (2), $(x+2)(x-2) = x^2 - 4$ 为有理数, 则 $(x+1)(x+3) = (x+2)(x-2) + 7 + 4x$ 为无理数 (有理数 + 无理数 = 无理数). 故选 A.

第二章

代数式

考情分析

　　本章属于考试大纲中的代数部分.从大纲内容上分析,本章需要重点掌握整式和分式相关的一系列考点,如:整式公式、余(因)式定理、因式分解.

　　从试题分布上分析,单独考查本章考点的题目有1~2道题,但本章的相关考点可以为后续代数部分的学习打下基础.

　　本章整体难度不大,学习建议用时为3~4小时.

基本概念

1.代数式的分类.

2.整式:包括单项式和多项式.单项式是由数与字母的积组成的代数式,多项式是由若干个单项式加减运算组成的代数式.

3.整式的系数和次数:单项式中的数字叫作这个单项式的系数.一个单项式中,所有字母的次数的和叫作这个单项式的次数.单项式的次数是几,就叫作几次单项式.多项式中的每个单项式叫作多项式的项,这些单项式中的最高项次数就是这个多项式的次数.多项式中不含字母的项叫作常数项.

4.分式:一般地,如果 A,B 表示两个整式,且 B 中含有字母,那么式子 $\dfrac{A}{B}$ 就叫作分式,其中 A 称为分子,B 称为分母.分式是不同于整式的一类代数式,分式的值随分式中字母取值的变化而变化.分式有意义的条件是分母不为 0.

5.分式的基本性质.

分式的分子与分母同时乘(或除以)同一个不等于 0 的整式,分式的值不变.

6.分式的约分和通分.

(1)约分:根据分式的基本性质,把一个分式的分子与分母的公因式约去,叫作分式的约分.分子与分母没有公因式的分式叫作最简分式.

(2)通分:根据分式的基本性质,把几个异分母的分式分别化成与原来的分式相等的同分母的分式叫作分式的通分.

7.无理式:如果代数式中含有表达式的开方运算,而表达式中又含有字母,则此代数式就叫作这些字母的无理代数式,简称无理式.

8.整式的除法.

已知 $f(x) \div g(x) = q(x) \cdots\cdots r(x)$,其中,$f(x)$ 为被除式,$g(x)$ 为除式,$q(x)$ 为商式,$r(x)$ 为余式.

重点提炼

- $5x$ 是一个单项式,系数为 5,次数为 1,所以叫作一次单项式.

- $x^2 - 2x + 1$ 是一个多项式,次数为 2,共有 3 项:二次项、一次项和常数项,叫作二次三项式.

- $\dfrac{1}{x-1}$ 是一个分式,因为分母中包含字母,该分式有意义的条件是 $x \neq 1$.

- $\dfrac{x}{5}$ 不是一个分式,因为分母中不包含字母,它是一个系数为 $\dfrac{1}{5}$ 的单项式.

- 如果是开偶次方的运算,则要求根号下的式子 $\geqslant 0$,例: $\sqrt{x-1}$ 有意义的条件是 $x \geqslant 1$.

- 被除式的次数 = 除式的次数 + 商式的次数.

- 余式的次数 < 除式的次数. 当余式 = 0 时,被除式能被除式整除,除式是被除式的因式.

📝 公式精讲 ▾

公式组 1　整式计算公式

▌公式 1　二次公式

$(1)(a \pm b)^2 = a^2 \pm 2ab + b^2.$

$(2)(a+b+c)^2 = a^2 + b^2 + c^2 + 2ab + 2ac + 2bc.$

$(3) a^2 + b^2 + c^2 \pm ab \pm ac \pm bc = \dfrac{1}{2}\big[(a \pm b)^2 + (b \pm c)^2 + (c \pm a)^2\big].$

$(4)(a+b)(a-b) = a^2 - b^2.$

例1 已知 $a+b=2$，则 $a^2 - b^2 + 4b$ 的值是（　　）.

A. 2　　　　B. 3　　　　C. 4　　　　D. 5　　　　E. 6

【解析】因为 $a+b=2$，所以 $a^2 - b^2 + 4b = (a+b)(a-b) + 4b = 2(a-b) + 4b = 2(a+b) = 4.$ 故选 C. 本题也可以将 $a = 2-b$ 代入到所求代数式中，通过计算得到答案.

例2 已知 $x^2 - x + a - 3$ 是一个完全平方式，则 $a = $（　　）.

A. $3\dfrac{1}{4}$　　B. $2\dfrac{1}{4}$　　C. $1\dfrac{1}{4}$　　D. $3\dfrac{3}{4}$　　E. $2\dfrac{3}{4}$

【解析】$x^2 - x + a - 3 = \left(x - \dfrac{1}{2}\right)^2 + \left(a - 3 - \dfrac{1}{4}\right)$，因为该式为完全平方式，故 $a = 3\dfrac{1}{4}$. 故选 A.

▌公式 2　三次公式

$(1)(a+b)^3 = a^3 + 3a^2b + 3ab^2 + b^3.$

$(2)(a-b)^3 = a^3 - 3a^2b + 3ab^2 - b^3.$

$(3) a^3 + b^3 = (a+b)(a^2 - ab + b^2).$

$(4) a^3 - b^3 = (a-b)(a^2 + ab + b^2).$

$(5) a^3 + b^3 + c^3 - 3abc = (a+b+c)(a^2 + b^2 + c^2 - ab - bc - ac).$

例3 $a^3 - b^3 - 2a^2b + 2ab^2 = 33.$

$(1) a - b = 3.$

$(2) a^2 + b^2 = 13.$

【解析】$a^3 - b^3 - 2a^2b + 2ab^2 = (a-b)(a^2 + ab + b^2) - 2ab(a-b) = (a-b)(a^2 + b^2 - ab).$ 显然条件（1），条件（2）单

独均不充分,考虑联合.联合时应考虑结论当中还没有被算出来的 ab,根据二次公式有 $(a-b)^2=a^2+b^2-2ab=13-2ab=9$,解得 $ab=2$.所以结论所求代数式为 $3\times(13-2)=33$,联合可推出结论.故选 C.

例4 已知 $a+b=1$,则 $a^3+b^3+3ab=($ $)$.

A. -3 B. -1 C. 0   D. 1   E. 3

【解析】$a^3+b^3+3ab=(a+b)(a^2-ab+b^2)+3ab=a^2-ab+b^2+3ab=a^2+2ab+b^2=(a+b)^2=1$.故选 D. 本题也可以将 $a=1-b$ 代入到所求代数式中,通过计算得到答案.

公式3　高次公式

(1) $a^4-b^4=(a^2+b^2)(a+b)(a-b)$.

(2) $c^4-2abc^2+a^2b^2=(c^2-ab)^2$.

(3) $x^6+y^6=(x^2+y^2)(x^4+y^4-x^2y^2)$.

(4) $x^6-y^6=(x^2-y^2)(x^4+y^4+x^2y^2)$.

例5 $x^6+y^6=400$.

(1) $x^2+y^2=10$.

(2) $x^2y^2=20$.

【解析】结论所求代数式 $=(x^2)^3+(y^2)^3=(x^2+y^2)[(x^2)^2-x^2y^2+(y^2)^2]=(x^2+y^2)[(x^2+y^2)^2-3x^2y^2]$,要想确定具体值,需要确定 x^2+y^2 和 x^2y^2 的值,所以两个条件单独都无法推出结论.联合两个条件,代入 $x^2+y^2=10,x^2y^2=20$,则原式 $=10\times(100-3\times20)=400$,所以联合两个条件可以推出结论.故选 C.

公式4　展开式的系数运算公式

已知 $f(x)=a_0+a_1x+a_2x^2+a_3x^3+\cdots+a_{2n}x^{2n}$,则有:

(1) $f(1)=a_0+a_1+\cdots+a_{2n}$;

(2) $f(-1)=a_0-a_1+a_2-a_3+\cdots-a_{2n-1}+a_{2n}$;

(3) $\dfrac{f(1)+f(-1)}{2}=a_0+a_2+a_4+\cdots+a_{2n}$;

(4) $\dfrac{f(1)-f(-1)}{2}=a_1+a_3+a_5+\cdots+a_{2n-1}$.

例6 已知 $x(1-kx)^3=a_1x+a_2x^2+a_3x^3+a_4x^4$ 对所有实数 x 都成立,则 $a_1+a_2+a_3+a_4=-8$.

重点提炼

• 高次公式实际是二次公式和三次公式的变形.

(1) $a_2 = -9$.

(2) $a_3 = 27$.

【解析】令 $x = 1$，则原等式转化为 $(1-k)^3 = a_1 + a_2 + a_3 + a_4$. 若想使结论成立，则 $(1-k)^3 = -8$，即 $k = 3$. 因此结论转化为 $k = 3$. 利用三次公式展开可得

$$x(1-kx)^3 = x - 3kx^2 + 3k^2x^3 - k^3x^4$$
$$= a_1x + a_2x^2 + a_3x^3 + a_4x^4.$$

分别验证条件(1)和条件(2). 条件(1)，$a_2 = -3k = -9$，$k = 3$，充分；条件(2)，$a_3 = 3k^2 = 27$，$k = 3$ 或 $k = -3$，不充分. 故选 A.

公式组2　余（因）式定理

公式5　余式定理

(1) 若 $f(x) \div g(x) = q(x) \cdots\cdots r(x)$，则有 $f(x) = g(x) \cdot q(x) + r(x)$. 当 $g(x) = 0$ 时，$f(x) = r(x)$，即当除式 $= 0$ 时，被除式 = 余式.

(2) 余式定理的双向应用.

$f(x) \div (x-1)$ 余 $2 \Rightarrow$ 当 $x - 1 = 0$ 时，$f(x) = 2 \Rightarrow f(1) = 2$.

$f(x) \div (x-1)(x-2)$ 余 $x \Rightarrow$ 当 $(x-1)(x-2) = 0$ 时，$f(x) = x \Rightarrow f(1) = 1$ 且 $f(2) = 2$.

$f(2) = 3 \Rightarrow$ 当 $x - 2 = 0$ 时，$f(x) = 3 \Rightarrow f(x) \div (x-2)$ 余 3.

例7 设 $f(x)$ 为实系数多项式，以 $x-1$ 除之，余数为 9；以 $x-2$ 除之，余数为 16，则 $f(x)$ 除以 $(x-1)(x-2)$ 的余式为（　　）.

A. $7x+2$　　　　　　B. $7x+3$　　　　　　C. $7x+4$

D. $7x+5$　　　　　　E. $2x+7$

【解析】设 $f(x) = (x-1)(x-2)q(x) + (ax+b)$，根据题意可得 $f(1) = a+b = 9$，$f(2) = 2a+b = 16$，故 $a = 7$，$b = 2$，则 $f(x)$ 除以 $(x-1)(x-2)$ 的余式为 $7x+2$. 故选 A.

例8 设 $f(x)$ 是三次多项式，且 $f(2) = f(-1) = f(4) = 3$，$f(1) = -9$，则 $f(0) = （　　）$.

A. -13　　B. -12　　C. -9　　D. 13　　E. 7

【解析】根据 $f(2) = f(-1) = f(4) = 3$，可设 $f(x) = a(x-2)(x+1)(x-4) + 3$，将 $x = 1$ 代入，有 $f(1) = a \times (-1) \times 2 \times (-3) + 3 = -9$，所以 $a = -2$，得 $f(x) = -2(x-2)(x+1)(x-4) + 3$，所以 $f(0) = -13$. 故选 A.

公式 6 因式定理

（1）因式定理是余式定理的推论之一．当被除式能被除式整除，即余式＝0时，根据余式定理有：当除式＝0时，被除式＝余式＝0，此为因式定理．

（2）因式定理的双向应用．

$f(x)$能被 $x-1$ 整除 $\Rightarrow$ 当 $x-1=0$ 时，$f(x)=0 \Rightarrow$ $f(1)=0$.

$x-2$ 是 $f(x)$ 的因式 $\Rightarrow$ 当 $x-2=0$ 时，$f(x)=0 \Rightarrow f(2)=0$.

$f(x)$ 能被 $(x-1)(x-2)$ 整除 $\Rightarrow$ 当 $(x-1)(x-2)=0$ 时，$f(x)=0 \Rightarrow f(1)=0$ 且 $f(2)=0$.

$f(2)=0 \Rightarrow$ 当 $x-2=0$ 时，$f(x)=0 \Rightarrow x-2$ 是 $f(x)$ 的因式；$f(x)$ 能被 $x-2$ 整除．

例9 已知多项式 $f(x)=3x^3+ax^2+bx+42$ 能被 $(x-2) \cdot (x-3)$ 整除，则 $a-b=$（　　）．

A. -25　　B. -9　　C. 9　　D. -31　　E. 136

【解析】$f(x)=3x^3+ax^2+bx+42$ 能被 $(x-2)(x-3)$ 整除，故有 $\begin{cases} f(2)=0, \\ f(3)=0, \end{cases}$ 即 $\begin{cases} 4a+2b+66=0, \\ 9a+3b+123=0, \end{cases}$ 解得 $\begin{cases} a=-8, \\ b=-17, \end{cases}$ 故 $a-b=9$. 故选 C.

公式 7 长除法

若已知被除式和除式，可以利用长除法直接求出商式和余式．计算方法举例如下．

计算 $(x^3-12x^2-42)\div(x-3)$，先将被除式、除式按某个字母作降幂排列，缺项补零，写成以下形式：$(x^3-12x^2+0x-42)\div(x-3)$．用长除法计算的竖式为

$$
\begin{array}{r}
x^2-9x-27 \\
x-3 \overline{\smash{\big)}\,x^3-12x^2+0x-42} \\
\underline{x^3-3x^2} \\
-9x^2+0x \\
\underline{-9x^2+27x} \\
-27x-42 \\
\underline{-27x+81} \\
-123
\end{array}
$$

长除法的具体步骤如下．

第一步：用分母的第一项去除分子的最高次项（即次数最高的项，此处为 x^3），得到首商，写在横线之上（$x^3\div x=x^2$）．

第二步:将分母乘以首商,乘积写在分子前两项之下,即同类项对齐($x^2 \cdot (x-3) = x^3 - 3x^2$).

第三步:从分子的相应项中减去刚得到的乘积(消去相等项,把不相等的项结合起来),得到第一余式,写在下面(($x^3 - 12x^2$)$-$($x^3 - 3x^2$)$= -12x^2 + 3x^2 = -9x^2$),然后将分子的下一项"拿下来".

第四步:把第一余式加上分子的下一项当作新的被除式,重复前三步,得到次商与第二余式(直到余式为零或余式的次数低于除式的次数为止.被除式 = 除式×商式+余式).

用长除法计算($x^3 - 12x^2 - 42$)$\div$($x-3$)的结果为

$$(x^3 - 12x^2 - 42) \div (x-3) = x^2 - 9x - 27 \cdots\cdots -123.$$

例 10 若$x^3 + x^2 + ax + b$能被$x^2 - 3x + 2$整除,则(　　).

A. $a = 4, b = 4$　　　　　B. $a = -4, b = -4$

C. $a = 10, b = -8$　　　　D. $a = -10, b = 8$

E. $a = -2, b = 0$

【解析】使用长除法可得

$$
\begin{array}{r}
x + 4 \\
x^2 - 3x + 2 \overline{\smash{\big)}\ x^3 + x^2 + ax + b} \\
\underline{x^3 - 3x^2 + 2x} \\
4x^2 + (a-2)x + b \\
\underline{4x^2 - 12x + 8}
\end{array}
$$

因为能整除,故$a - 2 = -12, b = 8$,即$a = -10, b = 8$.故选 D.

【方法归纳】

当题目涉及整式之间的除法时,解题有两个基本思路:①利用余(因)式定理,令除式为 0;②利用长除法.

公式组 3　因式分解

公式 8　单十字相乘法

将代数式中的最高次项和常数项(或者平方项)分解,然后十字相乘所得代数和与剩余项验证,如果两者相同说明拆分正确,即可将原整式分解为两个代数式之积.举例如下.

(1) $x^2 + 3x + 2 = (x+1)(x+2)$.

$$
\begin{array}{cc}
x & 1 \\
& \times \\
x & 2 \\
\downarrow
\end{array}
$$

$$x \cdot 1 + x \cdot 2 = 3x$$

(2)$x^4 + 3x^2 + 2 = (x^2 + 1)(x^2 + 2)$.

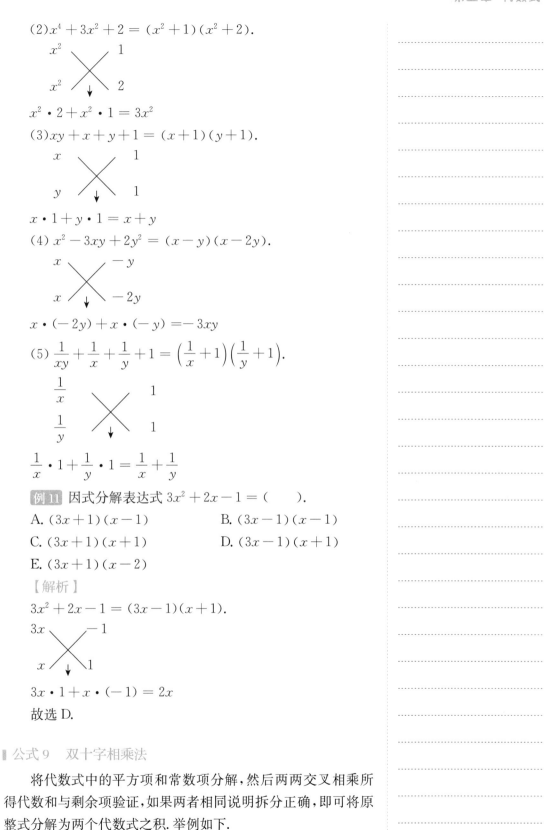

$x^2 \cdot 2 + x^2 \cdot 1 = 3x^2$

(3)$xy + x + y + 1 = (x + 1)(y + 1)$.

$x \cdot 1 + y \cdot 1 = x + y$

(4)$x^2 - 3xy + 2y^2 = (x - y)(x - 2y)$.

$x \cdot (-2y) + x \cdot (-y) = -3xy$

(5)$\dfrac{1}{xy} + \dfrac{1}{x} + \dfrac{1}{y} + 1 = \left(\dfrac{1}{x} + 1\right)\left(\dfrac{1}{y} + 1\right)$.

$\dfrac{1}{x} \cdot 1 + \dfrac{1}{y} \cdot 1 = \dfrac{1}{x} + \dfrac{1}{y}$

例11 因式分解表达式 $3x^2 + 2x - 1 = ($ 　　$)$.

A. $(3x + 1)(x - 1)$　　　　B. $(3x - 1)(x - 1)$

C. $(3x + 1)(x + 1)$　　　　D. $(3x - 1)(x + 1)$

E. $(3x + 1)(x - 2)$

【解析】

$3x^2 + 2x - 1 = (3x - 1)(x + 1)$.

$3x \cdot 1 + x \cdot (-1) = 2x$

故选 D.

公式9　双十字相乘法

将代数式中的平方项和常数项分解,然后两两交叉相乘所得代数和与剩余项验证,如果两者相同说明拆分正确,即可将原整式分解为两个代数式之积. 举例如下.

（1）　　　$x^2-3xy+2y^2+2x-3y+1$

$$\begin{array}{ccc} x & -2y & 1 \\ x & -y & 1 \end{array}$$

$$-xy-2xy=-3xy \bigg| -2y-y=-3y$$

$$x+x=2x$$

故 $x^2-3xy+2y^2+2x-3y+1=(x-2y+1)(x-y+1)$.

（2）　　　$2x^2-xy-y^2+3x+3y-2$

$$\begin{array}{ccc} 2x & y & -1 \\ x & -y & 2 \end{array}$$

$$-2xy+xy=-xy \bigg| 2y+y=3y$$

$$4x-x=3x$$

故 $2x^2-xy-y^2+3x+3y-2=(2x+y-1)(x-y+2)$.

例 12 因式分解表达式 $x^2-3xy-10y^2+x+9y-2=$（　　）.

A. $(x-5y+2)(x+2y-1)$　　B. $(x+5y+2)(x-2y+1)$

C. $(x+5y-2)(x+2y+2)$　　D. $(x-5y-2)(x+2y+2)$

E. $(x+5y+2)(x+2y+1)$

【解析】

$$x^2-3xy-10y^2+x+9y-2$$

$$\begin{array}{ccc} x & -5y & 2 \\ x & 2y & -1 \end{array}$$

$$2xy-5xy=-3xy \bigg| 5y+4y=9y$$

$$-x+2x=x$$

故 $x^2-3xy-10y^2+x+9y-2=(x-5y+2)(x+2y-1)$. 故选 A.

▌公式 10　公式法、提取公因式法

（1）提取公因式法：$x^2+xy=x(x+y)$.

（2）公式法：运用常用公式进行因式分解，比如

$$x^2-y^2=(x+y)(x-y).$$

例 13 已知 $f(x,y)=x^2-y^2-x+y+1$，则 $f(x,y)=1$.

（1）$x=y$.　　　（2）$x+y=1$.

【解析】$f(x,y)=(x+y)(x-y)-(x-y)+1$

$$=(x-y)(x+y-1)+1,$$

条件 (1) 和条件 (2) 代入都可以推出 $f(x,y) = 0 + 1 = 1$. 故选 D.

▌公式 11　试根法

根据因式定理,如果多项式 $f(a) = 0$,那么多项式 $f(x)$ 必定含有因式 $x-a$,再用长除法求出剩余因式即可.

例 14 已知方程 $x^3 + 2x^2 - 5x - 6 = 0$ 的三个根为 $x_1 = -1$, x_2, x_3,则 $\dfrac{1}{x_2} + \dfrac{1}{x_3} = ($ 　 $)$.

A. $\dfrac{1}{6}$　　　B. $\dfrac{1}{5}$　　　C. $\dfrac{1}{4}$　　　D. $\dfrac{1}{3}$　　　E. 1

【解析】因为原方程有一个根为 -1,所以 $x^3 + 2x^2 - 5x - 6$ 有因式 $x+1$. 利用长除法可以将 $x^3 + 2x^2 - 5x - 6$ 进行因式分解,即 $x^3 + 2x^2 - 5x - 6 = (x+1)(x+3)(x-2)$,所以方程剩下的两个根为 -3 和 2,所以 $\dfrac{1}{x_2} + \dfrac{1}{x_3} = \dfrac{1}{6}$. 故选 A.

▌公式 12　待定系数法

首先判断出分解因式的形式,然后设出相应整式的字母系数,求出字母系数,从而把多项式因式分解.

例 15 已知 $x^4 - 5x^3 + 11x^2 + mx + n$ 能被 $x^2 - 2x + 1$ 整除,则 m, n 的值为(　).

A. $-11, 4$　　　　　B. $-10, 3$　　　　　C. $11, 4$

D. $11, -4$　　　　　E. $-10, -3$

【解析】因为被除式 = 除式 × 商式(整除时余式为 0),可设商式为 $x^2 + ax + b$,有

$$x^4 - 5x^3 + 11x^2 + mx + n = (x^2 - 2x + 1)(x^2 + ax + b)$$
$$= x^4 + (a-2)x^3 + (b+1-2a)x^2 + (a-2b)x + b,$$

等式左右两边同类项系数相等,得 $a - 2 = -5, b + 1 - 2a = 11$, $a - 2b = m, b = n$,解得 $a = -3, b = 4$,故 $m = -11, n = 4$. 故选 A.

公式组 4　根式计算公式

▌公式 13　分母有理化

分母有理化:在二次根式中分母原为无理数,将该分母化为有理数的过程,也就是将分母中的根号化去的过程. 举例如下.

(1) $\dfrac{1}{\sqrt{2}} = \dfrac{1 \times \sqrt{2}}{\sqrt{2} \times \sqrt{2}} = \dfrac{\sqrt{2}}{2}$.

(2) $\dfrac{1}{2-\sqrt{2}} = \dfrac{1 \times (2+\sqrt{2})}{(2-\sqrt{2})(2+\sqrt{2})} = \dfrac{2+\sqrt{2}}{2}.$

例16 设 $a = \dfrac{4}{\sqrt{5}-1}$，则 $a^3 - 2a^2 - 4a = ($ 　　$).$

A. $\sqrt{5}+1$ 　　　　　　B. $\sqrt{5}-1$ 　　　　　　C. 0

D. $\dfrac{\sqrt{5}+2}{5}$ 　　　　　　E. 以上结论均不正确

【解析】$a = \dfrac{4}{\sqrt{5}-1} = \sqrt{5}+1$，所以

$a^3 - 2a^2 - 4a = a(a^2 - 2a - 4) = a\left[(a-1)^2 - 5\right]$
$= a\left[(\sqrt{5}+1-1)^2 - 5\right] = 0.$
故选 C.

公式14　开方运算

(1) 当 n 为奇数时，$\sqrt[n]{a^n} = a$；当 n 为偶数时，$\sqrt[n]{a^n} = |a|$.

(2) $\sqrt{m^2 n} = |m|\sqrt{n}$，如：$\sqrt{12} = \sqrt{2^2 \times 3} = 2\sqrt{3}$.

(3) $\sqrt{m^2 + n \pm 2m\sqrt{n}} = \sqrt{(m \pm \sqrt{n})^2} = |m \pm \sqrt{n}|$，如：$\sqrt{3+2\sqrt{2}} = \sqrt{2}+1$.

(4) $\sqrt{m+n \pm 2\sqrt{mn}} = \sqrt{(\sqrt{m} \pm \sqrt{n})^2} = |\sqrt{m} \pm \sqrt{n}|$，如：$\sqrt{5-2\sqrt{6}} = \sqrt{3}-\sqrt{2}$.

例17 已知 a,b,c 为有理数，若 $\sqrt{5+2\sqrt{6}} = a\sqrt{2}+b\sqrt{3}+c$，则 $a+b+c = ($ 　　$).$

A. -2 　　B. 2 　　C. 1 　　D. 0 　　E. -1

【解析】$\sqrt{5+2\sqrt{6}} = \sqrt{2}+\sqrt{3}$，又因为 a,b,c 都是有理数，所以 $a = b = 1, c = 0, a+b+c = 2.$ 故选 B.

公式组5　分式计算公式

公式15　分式经典运算

已知 $x + \dfrac{1}{x} = m$，则

$x - \dfrac{1}{x} = \pm\sqrt{\left(x+\dfrac{1}{x}\right)^2 - 4} = \pm\sqrt{m^2 - 4}$；

$\left|x - \dfrac{1}{x}\right| = \sqrt{m^2 - 4}$；

$x^2 + \dfrac{1}{x^2} = \left(x+\dfrac{1}{x}\right)^2 - 2 = m^2 - 2$；

重点提炼

• 常考 $x + \dfrac{1}{x} = 3$，此时

$x - \dfrac{1}{x} = \pm\sqrt{5}$；

$\left|x - \dfrac{1}{x}\right| = \sqrt{5}$；

$x^2 + \dfrac{1}{x^2} = 7$；

$x^3 + \dfrac{1}{x^3} = 18$；

$x^4 + \dfrac{1}{x^4} = 47.$

建议直接记忆.

$$x^3 + \frac{1}{x^3} = \left(x + \frac{1}{x}\right)\left(x^2 + \frac{1}{x^2} - 1\right) = m(m^2 - 3);$$

$$x^4 + \frac{1}{x^4} = \left(x^2 + \frac{1}{x^2}\right)^2 - 2 = (m^2 - 2)^2 - 2.$$

例18 若 $x^2 - 3x + 1 = 0$，则 $\dfrac{x^2}{x^4 + x^2 + 1}$ 的值是（　　）.

A. $\dfrac{1}{7}$ B. $\dfrac{1}{8}$ C. $\dfrac{1}{9}$ D. $\dfrac{1}{10}$ E. $\dfrac{1}{6}$

【解析】因为 $x^2 - 3x + 1 = 0$，方程两端同时除以 x，有 $x + \dfrac{1}{x} = 3$，所以 $\left(x + \dfrac{1}{x}\right)^2 = 9$，即 $x^2 + \dfrac{1}{x^2} = 9 - 2 = 7$，所以

$$\frac{x^2}{x^4 + x^2 + 1} = \frac{\dfrac{x^2}{x^2}}{\dfrac{x^4 + x^2 + 1}{x^2}} = \frac{1}{x^2 + 1 + \dfrac{1}{x^2}} = \frac{1}{7 + 1} = \frac{1}{8}.$$

故选 B.

【方法归纳】

$x^2 - 3x + 1 = 0$ 可以和 $x + \dfrac{1}{x} = 3$ 互相转化. 对于复杂的高次分式，可以尝试把分子变成 1 再计算.

例19 已知实数 x 满足 $x^2 + \dfrac{1}{x^2} - 3x - \dfrac{3}{x} + 2 = 0$，则 $x^3 + \dfrac{1}{x^3} = $（　　）.

A. 12   B. 15   C. 18   D. 24   E. 27

【解析】$\left[\left(x + \dfrac{1}{x}\right)^2 - 2\right] - 3\left(x + \dfrac{1}{x}\right) + 2 = 0 \Rightarrow x + \dfrac{1}{x} = 3$ 或 0(舍)，因此 $x^3 + \dfrac{1}{x^3} = \left(x + \dfrac{1}{x}\right)\left(x^2 + \dfrac{1}{x^2} - 1\right) = 3 \times (9 - 2 - 1) = 18.$ 故选 C.

公式16　分式裂项运算

(1) $\dfrac{k}{x(x+k)} = \dfrac{1}{x} - \dfrac{1}{x+k}.$

(2) $\dfrac{1}{x(x+1)(x+2)} = \dfrac{1}{2}\left[\dfrac{1}{x(x+1)} - \dfrac{1}{(x+1)(x+2)}\right].$

(3) $\dfrac{k}{\sqrt{n+k} + \sqrt{n}} = \sqrt{n+k} - \sqrt{n}.$

(4) $\dfrac{n-1}{n!} = \dfrac{1}{(n-1)!} - \dfrac{1}{n!}.$

例20 已知 $f(x) = \dfrac{1}{(x+1)(x+2)} + \dfrac{1}{(x+2)(x+3)} + \cdots + \dfrac{1}{(x+9)(x+10)}$，则 $f(8) = $（　　）.

重点提炼

• 推导：

(1) $\dfrac{k}{x(x+k)} = \dfrac{(x+k) - x}{x(x+k)}$

$= \dfrac{x+k}{x(x+k)} - \dfrac{x}{x(x+k)}$

$= \dfrac{1}{x} - \dfrac{1}{x+k}.$

(2) $\dfrac{1}{x(x+1)(x+2)}$

$= \dfrac{1}{2} \times \dfrac{(x+2) - x}{x(x+1)(x+2)}$

$= \dfrac{1}{2}\left[\dfrac{1}{x(x+1)} - \dfrac{1}{(x+1)(x+2)}\right].$

(3) $\dfrac{k}{\sqrt{n+k}+\sqrt{n}}$

$= \dfrac{k(\sqrt{n+k}-\sqrt{n})}{(\sqrt{n+k}+\sqrt{n})(\sqrt{n+k}-\sqrt{n})}$

$= \sqrt{n+k}-\sqrt{n}.$

(4) $\dfrac{n-1}{n!} = \dfrac{n}{n!}-\dfrac{1}{n!}$

$= \dfrac{1}{(n-1)!}-\dfrac{1}{n!}.$

A. $\dfrac{1}{9}$ B. $\dfrac{1}{10}$ C. $\dfrac{1}{16}$ D. $\dfrac{1}{17}$ E. $\dfrac{1}{18}$

【解析】原式 $= \dfrac{1}{x+1}-\dfrac{1}{x+2}+\dfrac{1}{x+2}-\dfrac{1}{x+3}+\cdots+$

$\dfrac{1}{x+9}-\dfrac{1}{x+10} = \dfrac{1}{x+1}-\dfrac{1}{x+10}$,因此 $f(8) = \dfrac{1}{18}$. 故选 E.

例21 计算 $\dfrac{1}{1\times2\times3}+\dfrac{1}{2\times3\times4}+\cdots+\dfrac{1}{6\times7\times8}+\dfrac{1}{7\times8\times9}$.

【解析】

$\dfrac{1}{1\times2\times3}+\dfrac{1}{2\times3\times4}+\cdots+\dfrac{1}{6\times7\times8}+\dfrac{1}{7\times8\times9}$

$= \left(\dfrac{1}{1\times2}-\dfrac{1}{2\times3}\right)\times\dfrac{1}{2}+\left(\dfrac{1}{2\times3}-\dfrac{1}{3\times4}\right)\times\dfrac{1}{2}+\cdots+$

$\left(\dfrac{1}{6\times7}-\dfrac{1}{7\times8}\right)\times\dfrac{1}{2}+\left(\dfrac{1}{7\times8}-\dfrac{1}{8\times9}\right)\times\dfrac{1}{2}$

$= \dfrac{1}{2}\times\left(\dfrac{1}{1\times2}-\dfrac{1}{2\times3}+\dfrac{1}{2\times3}-\dfrac{1}{3\times4}+\cdots+\right.$

$\left.\dfrac{1}{6\times7}-\dfrac{1}{7\times8}+\dfrac{1}{7\times8}-\dfrac{1}{8\times9}\right)$

$= \dfrac{1}{2}\times\left(\dfrac{1}{1\times2}-\dfrac{1}{8\times9}\right) = \dfrac{35}{144}.$

公式导图

代数式
- 整式计算公式
  - 二次公式
  - 三次公式
  - 高次公式
  - 展开式的系数运算公式
- 余（因）式定理
  - 余式定理
  - 因式定理
  - 长除法
- 因式分解
  - 单十字相乘法
  - 双十字相乘法
  - 公式法、提取公因式法
  - 试根法
  - 待定系数法
- 根式计算公式
  - 分母有理化
  - 开方运算
- 分式计算公式
  - 分式经典运算
  - 分式裂项运算

公式演练

1. $\left(1+\dfrac{1}{2}\right)\left(1+\dfrac{1}{2^2}\right)\left(1+\dfrac{1}{2^4}\right)\left(1+\dfrac{1}{2^8}\right)+\dfrac{1}{2^{15}}=(\qquad)$.

　　A. 2　　　　B. $\dfrac{1}{2}$　　　C. 1　　　　D. $\dfrac{1}{2^{16}}$　　　E. $\dfrac{1}{2^{15}}$

2. $x^2+y^2+z^2-8x-6y-10z+50=0$, 则 $\dfrac{x+y+z}{z}=(\qquad)$.

　　A. $\dfrac{12}{5}$　　　B. 0　　　C. 1　　　D. 2　　　E. 3

3. 已知 $x\in\mathbf{R}$, $(1-2x)^{2\,023}=a_0+a_1x+a_2x^2+\cdots+a_{2\,023}x^{2\,023}$, 则
   $(a_0+a_1)+(a_0+a_2)+(a_0+a_3)+\cdots+(a_0+a_{2\,023})=(\qquad)$.

　　A. 2\,021　　B. 2\,022　　C. 2\,023　　D. 2\,024　　E. 2\,025

4. 已知
$$\frac{x^3+y^3+z^3-3xyz}{x+y+z}=3,$$
　　则 $(x-y)^2+(y-z)^2+(x-y)(y-z)=(\qquad)$.
　　A. 1　　　B. 2　　　C. 3　　　D. 4　　　E. 5

5. 已知
$$x=\frac{\sqrt{3}+\sqrt{2}}{\sqrt{3}-\sqrt{2}},\quad y=\frac{\sqrt{3}-\sqrt{2}}{\sqrt{3}+\sqrt{2}},$$

　　则 $\dfrac{x^3-xy^2}{x^4y+2x^3y^2+x^2y^3}=(\qquad)$.

　　A. $\dfrac{2}{5}\sqrt{3}$　　B. $\dfrac{3}{5}\sqrt{6}$　　C. $\dfrac{3}{5}\sqrt{2}$　　D. $\dfrac{4}{5}\sqrt{6}$　　E. $\dfrac{2}{5}\sqrt{6}$

6. 因式分解表达式 $x^4+11x^2-12=(\qquad)$.
　　A. $(x+12)(x-1)$　　　　B. $(x^2+12)(x^2-1)$
　　C. $(x^2+12)(x^2+1)$　　　D. $(x^2-12)(x^2-1)$
　　E. $(x^2-12)(x^2+1)$

7. 已知 $(m+n)^2=10$, $(m-n)^2=2$, 则 $m^4+n^4=(\qquad)$.
　　A. 102　　B. 104　　C. 28　　D. 22　　E. 30

8. 因式分解表达式 $x^2-y^2+5x+3y+4=(\qquad)$.
　　A. $(x-y-1)(x+y-4)$
　　B. $(x-y+4)(x+y+1)$
　　C. $(x-y+2)(x+y+2)$
　　D. $(x-y-2)(x+y-2)$
　　E. $(x+y-2)(x+y-2)$

9. 若 $(2x+1)^4 = a_0 + a_1 x + a_2 x^2 + a_3 x^3 + a_4 x^4$，则 $(a_0 + a_2 + a_4)(a_1 + a_3)$ 的值为（ 　 ）.

A. 1 680　　B. 1 840　　C. 1 240　　D. 1 640　　E. 1 820

10. 若 $4x^4 - ax^3 + bx^2 - 40x + 16$ 是完全平方式，则 a,b 的值为（ 　 ）.

A. $a = 20, b = 41$

B. $a = -20, b = 9$

C. $a = 20, b = 41$ 或 $a = -20, b = 9$

D. $a = 20, b = 40$

E. 以上都不正确

11. $\sqrt{5 - 2\sqrt{6}} + \sqrt{3 - 2\sqrt{2}}$ 的值为（ 　 ）.

A. $\sqrt{3}$　　B. $\sqrt{2}$　　C. 1　　　D. $\sqrt{3} - 1$　　E. $\sqrt{2} + 1$

12. 若实数满足 $a^2 + b^2 + c^2 = 9$，则代数式 $(a-b)^2 + (b-c)^2 + (c-a)^2$ 的最大值是（ 　 ）.

A. 21　　B. 27　　C. 29　　D. 32　　E. 39

13. 已知 $x^2 - 3x + 1 = 0$，则 $\left| x - \dfrac{1}{x} \right| = $（ 　 ）.

A. $\sqrt{2}$　　B. $\sqrt{3}$　　C. 1　　D. 2　　E. $\sqrt{5}$

14. $\dfrac{1}{1 \times 3} + \dfrac{1}{3 \times 5} + \dfrac{1}{5 \times 7} + \cdots + \dfrac{1}{99 \times 101} = $（ 　 ）.

A. $\dfrac{100}{101}$　　B. $\dfrac{50}{101}$　　C. $\dfrac{49}{101}$　　D. $\dfrac{49}{100}$　　E. $\dfrac{51}{100}$

15. 若 $x + \dfrac{1}{x} = 3$，则 $\dfrac{x^4}{x^8 + x^4 + 1} = $（ 　 ）.

A. $\dfrac{1}{8}$　　B. $\dfrac{1}{9}$　　C. $\dfrac{1}{47}$　　D. $\dfrac{1}{48}$　　E. $\dfrac{1}{49}$

16. $ax^3 - bx^2 + 23x - 6$ 能被 $(x-2)(x-3)$ 整除.

(1) $a = 3, b = -16$.

(2) $a = 3, b = 16$.

17. 多项式 $f(x)$ 除以 $x + 1$ 所得的余式为 2.

(1) 多项式 $f(x)$ 除以 $x^2 - x - 2$ 所得的余式为 $x + 5$.

(2) 多项式 $f(x)$ 除以 $x^2 - 2x - 3$ 所得的余式为 $x + 3$.

18. $\dfrac{a^3}{a^6 + 1} = \dfrac{1}{18}$.

(1) $a^2 - 3a + 1 = 0$.

(2) $a^2 + 3a + 1 = 0$.

19. $\dfrac{x+y}{x^3+y^3+x+y}=\dfrac{1}{6}$.

    (1)$x^2+y^2=9$.

    (2)$xy=4$.

20. $x^2+y^2+z^2-xy-yz-xz=75$.

    (1)$x-y=5$.

    (2)$z-y=10$.

参考答案与解析

答案速查：$1\sim 5$ AAACE $6\sim 10$ BCBDC $11\sim 15$ DBEBD $16\sim 20$ BBACC

1. A 【解析】本题运用公式1.

$$\left(1+\frac{1}{2}\right)\left(1+\frac{1}{2^2}\right)\left(1+\frac{1}{2^4}\right)\left(1+\frac{1}{2^8}\right)+\frac{1}{2^{15}}$$

$$=2\left(1-\frac{1}{2}\right)\left(1+\frac{1}{2}\right)\left(1+\frac{1}{2^2}\right)\left(1+\frac{1}{2^4}\right)\left(1+\frac{1}{2^8}\right)+\frac{1}{2^{15}}$$

$$=2\left(1-\frac{1}{2^2}\right)\left(1+\frac{1}{2^2}\right)\left(1+\frac{1}{2^4}\right)\left(1+\frac{1}{2^8}\right)+\frac{1}{2^{15}}$$

$$=2\left(1-\frac{1}{2^{16}}\right)+\frac{1}{2^{15}}$$

$$=2-\frac{1}{2^{15}}+\frac{1}{2^{15}}=2.$$

故选 A.

2. A 【解析】本题运用公式1.将原方程进行配方得$(x-4)^2+(y-3)^2+(z-5)^2=0\Rightarrow x=4,y=3,z=5$,代入求解可得所求为$\dfrac{12}{5}$.故选 A.

3. A 【解析】本题运用公式4.由题意可得$\begin{cases}x=1\Rightarrow -1=a_0+a_1+a_2+\cdots+a_{2\,023},\\ x=0\Rightarrow 1=a_0,\end{cases}$则

$$(a_0+a_1)+(a_0+a_2)+(a_0+a_3)+\cdots+(a_0+a_{2\,023})$$

$$=2\,022a_0+(a_0+a_1+\cdots+a_{2\,023})=2\,021.$$

故选 A.

4. C 【解析】本题运用公式2.

$$x^3+y^3+z^3-3xyz=(x+y+z)(x^2+y^2+z^2-xy-xz-yz),故$$

$$\frac{x^3+y^3+z^3-3xyz}{x+y+z}=x^2+y^2+z^2-xy-xz-yz=3,$$

所以$(x-y)^2+(y-z)^2+(x-y)(y-z)=x^2+y^2+z^2-xy-xz-yz=3.$

故选 C.

5. E 【解析】本题运用公式 10 和公式 13. 因为

$$x = \frac{\sqrt{3}+\sqrt{2}}{\sqrt{3}-\sqrt{2}} = (\sqrt{3}+\sqrt{2})^2 = 5+2\sqrt{6},$$

$$y = \frac{\sqrt{3}-\sqrt{2}}{\sqrt{3}+\sqrt{2}} = (\sqrt{3}-\sqrt{2})^2 = 5-2\sqrt{6},$$

所以 $x+y=10, x-y=4\sqrt{6}, xy=5^2-(2\sqrt{6})^2=1$,则

$$\frac{x^3-xy^2}{x^4y+2x^3y^2+x^2y^3} = \frac{x(x+y)(x-y)}{x^2y(x+y)^2} = \frac{x-y}{xy(x+y)} = \frac{4\sqrt{6}}{1\times10} = \frac{2}{5}\sqrt{6}.$$

故选 E.

6. B 【解析】本题运用公式 8. 由

$$x^4+11x^2-12$$

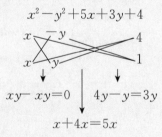

$$-x^2+12x^2 = 11x^2$$

得 $$x^4+11x^2-12 = (x^2+12)(x^2-1).$$

故选 B.

7. C 【解析】本题运用公式 1. $(m+n)^2=10, (m-n)^2=2 \Rightarrow 4mn=8 \Rightarrow mn=2$,故

$$m^4+n^4 = (m^2+n^2)^2-2(mn)^2$$

$$= \left[(m+n)^2-2mn\right]^2-2(mn)^2$$

$$= (10-4)^2-2\times2^2 = 36-8 = 28.$$

故选 C.

8. B 【解析】本题运用公式 9. 由

$$x^2-y^2+5x+3y+4$$

$$xy-xy=0 \qquad 4y-y=3y$$

$$x+4x=5x$$

得 $$x^2-y^2+5x+3y+4 = (x-y+4)(x+y+1).$$

故选 B.

9. D 【解析】本题运用公式 4. 当 $x=1$ 时,

$$(2+1)^4 = a_0+a_1+a_2+a_3+a_4 = 81,$$

当 $x=-1$ 时,

$$(-2+1)^4 = a_0-a_1+a_2-a_3+a_4 = 1.$$

两式相加,得 $2(a_0 + a_2 + a_4) = 82$,则 $a_0 + a_2 + a_4 = 41$.两式相减,得 $2(a_1 + a_3) = 80$,则 $a_1 + a_3 = 40$.原式 $= 41 \times 40 = 1\,640$.故选 D.

10. C 【解析】本题运用公式 12.设 $4x^4 - ax^3 + bx^2 - 40x + 16 = (2x^2 + mx + n)^2 (m, n$ 为常数),则 $4x^4 - ax^3 + bx^2 - 40x + 16 = 4x^4 + 4mx^3 + (4n + m^2)x^2 + 2mnx + n^2$,对比两边

系数得 $\begin{cases} 4m = -a, \\ 4n + m^2 = b, \\ 2mn = -40, \\ n^2 = 16 \end{cases} \Rightarrow \begin{cases} a = 20, \\ b = 41, \\ m = -5, \\ n = 4 \end{cases}$ 或 $\begin{cases} a = -20, \\ b = 9, \\ m = 5, \\ n = -4. \end{cases}$ 故选 C.

11. D 【解析】本题运用公式 14.$\sqrt{5 - 2\sqrt{6}} = \sqrt{3} - \sqrt{2}$,$\sqrt{3 - 2\sqrt{2}} = \sqrt{2} - 1$,则 $\sqrt{5 - 2\sqrt{6}} + \sqrt{3 - 2\sqrt{2}} = \sqrt{3} - \sqrt{2} + \sqrt{2} - 1 = \sqrt{3} - 1$.故选 D.

12. B 【解析】本题运用公式 1.$(a - b)^2 + (b - c)^2 + (c - a)^2 = 3(a^2 + b^2 + c^2) - (a + b + c)^2$,则当 $a + b + c = 0$ 时,所求代数式取到最大值,最大值为 27.故选 B.

13. E 【解析】本题运用公式 15.$x^2 - 3x + 1 = 0$,等号左右均除以 x 可得 $x + \dfrac{1}{x} = 3$,

故 $\left(x - \dfrac{1}{x}\right)^2 = \left(x + \dfrac{1}{x}\right)^2 - 4 = 5$,故 $\left|x - \dfrac{1}{x}\right| = \sqrt{5}$.故选 E.

14. B 【解析】本题运用公式 16.$\dfrac{1}{1 \times 3} + \dfrac{1}{3 \times 5} + \dfrac{1}{5 \times 7} + \cdots + \dfrac{1}{99 \times 101} = \dfrac{1}{2} \times$

$\left(1 - \dfrac{1}{3} + \dfrac{1}{3} - \dfrac{1}{5} + \dfrac{1}{5} - \dfrac{1}{7} + \cdots + \dfrac{1}{99} - \dfrac{1}{101}\right) = \dfrac{1}{2} \times \left(1 - \dfrac{1}{101}\right) = \dfrac{50}{101}$.故选 B.

15. D 【解析】本题运用公式 15.$\dfrac{x^4}{x^8 + x^4 + 1} = \dfrac{1}{x^4 + 1 + \dfrac{1}{x^4}}$(上下同除以 x^4).

$x + \dfrac{1}{x} = 3$,则 $\left(x + \dfrac{1}{x}\right)^2 = x^2 + \dfrac{1}{x^2} + 2 = 9$,故 $x^2 + \dfrac{1}{x^2} = 7$.

$\left(x^2 + \dfrac{1}{x^2}\right)^2 = x^4 + \dfrac{1}{x^4} + 2 = 49$,则 $x^4 + \dfrac{1}{x^4} = 47$.

所以 $\dfrac{x^4}{x^8 + x^4 + 1} = \dfrac{1}{x^4 + 1 + \dfrac{1}{x^4}} = \dfrac{1}{48}$.故选 D.

16. B 【解析】本题运用公式 6.令 $f(x) = ax^3 - bx^2 + 23x - 6$,由题意,$f(2) = f(3) = 0$,解得 $a = 3, b = 16$,所以条件(2) 充分,条件(1) 不充分.故选 B.

17. B 【解析】本题运用公式 5.条件(1),设 $f(x) = g(x)(x^2 - x - 2) + x + 5$,将 $x = -1$ 代入上式,得 $f(-1) = 4$,不充分.条件(2),设
$$f(x) = p(x)(x^2 - 2x - 3) + x + 3,$$
将 $x = -1$ 代入上式,得 $f(-1) = 2$,充分.故选 B.

18. A 【解析】本题运用公式 15. 条件(1)，$a^2 - 3a + 1 = 0 \Rightarrow a + \dfrac{1}{a} = 3$，则

$$\frac{a^3}{a^6 + 1} = \frac{1}{a^3 + \dfrac{1}{a^3}} = \frac{1}{\left(a + \dfrac{1}{a}\right)^3 - 3\left(a + \dfrac{1}{a}\right)} = \frac{1}{18},$$

充分. 条件(2)，同理可得不充分. 故选 A.

19. C 【解析】本题运用公式 10.

$$\frac{x + y}{x^3 + y^3 + x + y} = \frac{x + y}{(x + y)(x^2 + y^2 - xy) + (x + y)} = \frac{1}{x^2 + y^2 - xy + 1}.$$

条件(1)，$x^2 + y^2 = 9$ 无法推出 $\dfrac{1}{x^2 + y^2 - xy + 1} = \dfrac{1}{6}$，故条件(1) 不充分.

条件(2)，$xy = 4$ 无法推出 $\dfrac{1}{x^2 + y^2 - xy + 1} = \dfrac{1}{6}$，故条件(2) 不充分.

条件(1) 与条件(2) 联合起来有 $\dfrac{1}{x^2 + y^2 - xy + 1} = \dfrac{1}{9 - 4 + 1} = \dfrac{1}{6}$.

故条件(1) 与条件(2) 联合起来充分. 故选 C.

20. C 【解析】本题运用公式 1. 单独显然不充分，联合两条件，由题干可知

$$\frac{1}{2}\left[(x - y)^2 + (y - z)^2 + (x - z)^2\right] = 75,$$

条件(1)，条件(2) 联合可得 $x - z = -5$，所以

$$(x - y)^2 + (y - z)^2 + (x - z)^2 = 150,$$

所以联合充分. 故选 C.

第三章

集合与函数

考情分析

　　本章属于考试大纲中的代数部分.从大纲内容上分析,本章需要重点掌握集合与函数相关的一系列考点,如:集合的相关知识、一次函数和二次函数.关于较难的指数函数和对数函数,考生可依据自身目标分数和学习情况选择性掌握.

　　从试题分布上分析,单独考查本章考点的可能性不大,考试主要是综合其他考点出题,如:与绝对值结合考查,与代数式运算结合考查,与不等式结合考查等.

　　本章部分内容学习难度较大,学习建议用时为 3 ～ 4 小时.

基本概念

1.元素与集合.

(1) 元素:一般地,我们把研究对象统称为元素,用小写字母 $a,b,c,\cdots$ 表示.

(2) 集合:把一些元素组成的总体叫作集合(简称集),用大写字母 $A,B,C,\cdots$ 表示.

2.集合的表示方法.

(1) 列举法:将集合的元素逐一列举出来的方法.例如,光学三原色可以用集合{红,绿,蓝}表示;由四个字母 a,b,c,d 组成的集合 A 可用 $A = \{a,b,c,d\}$ 表示.

(2) 描述法:形式为{代表元素 | 满足的性质}.

设集合 S 由具有某种性质 P 的全体元素构成,则可以采用描述集合中元素公共属性的方法来表示集合: $S = \{x \mid P(x)\}$.例如,由 2 的平方根组成的集合 B 可表示为 $B = \{x \mid x^2 = 2\}$.

(3) 韦恩图法:是一种利用二维平面上的点集表示集合的方法.一般用平面上的矩形或圆形表示一个集合,是集合的一种直观的图形表示法.

3.集合中元素的特性.

(1) 确定性:对于一个给定的集合,集合中的元素是确定的,任何一个对象或者是或者不是这个给定的集合的元素.

(2) 互异性:对于一个给定的集合,集合中任何两个元素都是不同的对象,相同的对象归入一个集合时,仅算一个元素.

(3) 无序性:集合中的元素是平等的,没有先后顺序.因此判定两个集合是否相同,只需要比较它们的元素是否一样,不需考虑排列顺序是否一样.如:$\{a,b,c\} = \{a,c,b\}$.

4.元素与集合的关系.

元素与集合之间的关系用属于或不属于表示.若 x 是集合 S 的元素,则称 x 属于 S,记为 $x \in S$;若 y 不是集合 S 的元素,则称 y 不属于 S,记为 $y \notin S$.

5.常用数集.

(1) 实数集 **R**,有理数集 **Q**,整数集 **Z**,正整数集 **N*** 或 **N**$_+$,非负整数集 **N**.

(2) 子集和真子集:如果集合 A 的任意一个元素都是集合 B 的元素,那么称集合 A 为集合 B 的子集,用 $A \subseteq B$ 表示.如果集

> **重点提炼**
>
> • 有关集合的内容不会单独考查,重点掌握元素的互异性和无序性以及相关概念和数学符号,考试能读懂题意即可.

合 A 是集合 B 的子集,但集合 B 不是集合 A 的子集,那么集合 A 叫作集合 B 的真子集,用 $A \subsetneqq B$ 表示.

（3）空集:是指不含任何元素的集合. 空集是任何集合的子集,是任何非空集合的真子集. 空集不是无,它是内部没有元素的集合,用符号 $\varnothing$ 表示.

6.函数的概念.

函数的定义:给定一个数集 A,假设其中的元素为 x,对 A 中的元素 x 施加对应法则 f,记作 $f(x)$,得到另一数集 B. 假设 B 中的元素为 y,则 y 与 x 之间的等量关系可以用 $y = f(x)$ 表示. 把 x 称为自变量,y 称为因变量,这个关系式 $y = f(x)$ 称为函数关系式,简称函数.

函数的概念含有三个要素:定义域 A、值域 B 和对应法则 f. 其中核心是对应法则 f,它是函数关系的本质特征.

7.区间与无穷大.

（1）区间的概念:设 a,b 是两个实数,而且 $a < b$,规定

满足不等式 $a \leqslant x \leqslant b$ 的实数 x 的集合叫作闭区间,记作 $[a,b]$;

满足不等式 $a < x < b$ 的实数 x 的集合叫作开区间,记作 (a,b);

满足不等式 $a \leqslant x < b$ 的实数 x 的集合叫作左闭右开区间,记作 $[a,b)$;

满足不等式 $a < x \leqslant b$ 的实数 x 的集合叫作左开右闭区间,记作 $(a,b]$.

（2）无穷大的概念:实数集 $\mathbf{R}$ 可以用区间 $(-\infty, +\infty)$ 表示,"∞"表示无穷大,"$+\infty$"表示正无穷大,"$-\infty$"表示负无穷大.

8.一次函数的定义.

形如 $y = kx + b(k,b$ 是常数,且 $k \neq 0)$ 的函数叫作一次函数,其中 x 是自变量,y 是因变量.特别地,当 $b = 0$ 时,$y = kx(k$ 为常数,且 $k \neq 0)$,y 叫作 x 的正比例函数.

9.二次函数的定义.

二次函数的基本表示形式为 $y = ax^2 + bx + c(a \neq 0)$,二次函数最高次必须为二次,二次函数的图像是一条对称轴与 y 轴平行或重合的抛物线.

10.指数函数.

一般地,形如 $y = a^x(a > 0$,且 $a \neq 1)$ 的函数叫作指数函数,

其定义域是 **R**.

11. 对数的定义.

如果 $a(a > 0$，且 $a \neq 1)$ 的 x 次方等于 N，那么数 x 叫作以 a 为底的 N 的对数，记作 $x = \log_a N$. 其中 a 叫作对数的底数，N 叫作真数.

对数运算是幂运算的逆运算：$a^x = N \Leftrightarrow \log_a N = x$.

12. 对数函数.

一般地，形如 $y = \log_a x(a > 0$，且 $a \neq 1)$ 的函数叫作对数函数，也就是说以幂（真数）为自变量，指数为因变量，底数为常量的函数叫作对数函数. 其中 x 是自变量，函数的定义域是 $(0, +\infty)$，即 $x > 0$.

13. 自然对数：以 e 为底数的对数叫作自然对数，e 是无理数，$e = 2.718\ 28\cdots\cdots$，记作 $\log_e N$，简记为 $\ln N$.

14. 常用对数：以 10 为底数的对数叫作常用对数，记作 $\log_{10} N$，简记为 $\lg N$.

公式精讲

公式组1 集合

公式1 子集的个数与元素和

(1) 子集的个数：含有 n 个元素的集合有 2^n 个子集，$2^n - 1$ 个真子集，$2^n - 1$ 个非空子集，$2^n - 2$ 个非空真子集.

(2) 子集的元素和：设集合 A 为 $\{x_1, x_2, x_3, \cdots, x_n\}$，那么集合 A 所有子集的元素和为 $(x_1 + x_2 + \cdots + x_n) \cdot 2^{n-1}$.

例1 已知集合 $M = \{0,1,2,3,4\}$，$N = \{1,3,5\}$，P 是 M, N 的交集，则 P 的子集有（　　）个.

A. 2　　　　B. 4　　　　C. 6　　　　D. 8　　　　E. 10

【解析】因为 P 是 M, N 的交集，所以 $P = \{1,3\}$，故 P 的子集有 $2^2 = 4$（个）. 故选 B.

公式2 集合的运算

(1) 交集：设 A, B 是两个集合，由所有既属于集合 A 又属于集合 B 的元素组成的集合叫作集合 A 与集合 B 的交集，记作 $A \bigcap B$，读作 A 交 B.

(2) 并集：给定两个集合 A, B，把它们所有的元素合并在一起组成的集合叫作集合 A 与集合 B 的并集,记作 $A \cup B$,读作 A 并 B.

(3)补集:设 U 是一个集合,A 是 U 的一个子集,由 U 中所有不属于 A 的元素组成的集合叫作 U 中子集 A 的补集,记作 $\complement_U A$.

【方法归纳】

在进行集合的运算时,先把集合化为最简形式,再结合定义求解.运算过程中可以结合数轴,使运算更直观.

例2 设全集为 **R**,集合 $A = \{x \mid x^2 - 9 < 0\}$,$B = \{x \mid -1 < x \leqslant 5\}$,则 $A \cap \complement_{\mathbf{R}} B = ($ $)$.

A.$(-3, 0)$ B.$(-3, -1]$ C.$(-3, -1)$

D.$(-3, 3)$ E.$(-1, 3)$

【解析】$\complement_{\mathbf{R}} B = \{x \mid x > 5 \text{ 或 } x \leqslant -1\}$,$A = \{x \mid -3 < x < 3\}$,两者交集为 $(-3, -1]$.故选 B.

公式组 2 函数的基本性质

公式 3 函数的单调性

函数的单调性也叫函数的增减性,可以定性描述在一个指定区间内,函数值变化与自变量变化的关系.当函数 $f(x)$ 的自变量在其定义区间内增大时,函数值也随着增大或减小,则称该函数在该区间上具有单调性(单调递增或单调 递减).

例3 已知 $f(x)$ 的定义域是全体实数,且 $f(x)$ 是一个单调递减函数,若 $f(m) > f(2m-1)$,那么 m 的取值范围是$($ $)$.

A.$m < 1$ B.$m > 1$ C.$m > -1$

D.$m < -1$ E.$-1 < m < 1$

【解析】因为 $f(x)$ 是一个单调递减函数,且 $f(m) > f(2m-1)$,所以 $m < 2m-1$,解得 $m > 1$.故选 B.

公式 4 函数的奇偶性

(1)偶函数:若对于函数 $f(x)$,其定义域内的任意一个 x,都有 $f(-x) = f(x)$,那么称 $f(x)$ 为偶函数.

(2)奇函数:若对于函数 $f(x)$,其定义域内的任意一个 x,都有 $f(-x) = -f(x)$,那么称 $f(x)$ 为奇函数.

重点提炼

• 从图像性质来看,奇函数关于原点对称,偶函数关于 y 轴对称.

例4 已知 $f(x)$ 为定义在 **R** 上的奇函数,当 $x \geqslant 0$ 时,$f(x) = 2^x + 2x - 1$,则 $f(-1) = ($ 　$)$.

　A. -3　　B. -1　　C. 1　　D. 3　　E. 4

【解析】因为 $f(x)$ 是奇函数,所以 $f(-1) = -f(1) = -(2^1 + 2 \times 1 - 1) = -3$. 故选 A.

公式组 3　二次函数

公式5　二次函数的图像和性质

对于二次函数 $y = ax^2 + bx + c(a \neq 0)$,系数与图像之间的关系如下:

(1) 当 $a > 0$ 时,抛物线开口向上;当 $a < 0$ 时,抛物线开口向下.

(2) $|a|$ 越大,开口越小.

(3) 对称轴为 $x = -\dfrac{b}{2a}$,a 和 b 决定对称轴在 y 轴的左侧还是右侧.

(4) c 表示抛物线在 y 轴上的截距. 当 $c > 0$ 时,抛物线与 y 轴交于 y 轴正半轴;当 $c < 0$ 时,抛物线与 y 轴交于 y 轴负半轴;当 $c = 0$ 时,抛物线过原点.

(5) $\Delta = b^2 - 4ac$ 决定抛物线与 x 轴的交点个数. 当 $\Delta > 0$ 时,有两个交点;当 $\Delta = 0$ 时,有一个交点,即顶点在 x 轴上;当 $\Delta < 0$ 时,无交点.

(6) 若 $a + b + c = 0$,则抛物线过点 $(1, 0)$;若 $a - b + c = 0$,则抛物线过点 $(-1, 0)$.

例5 已知二次函数 $y = ax^2 + bx + c$ 的图像如图所示,则 a,b,c 满足$($ 　$)$.

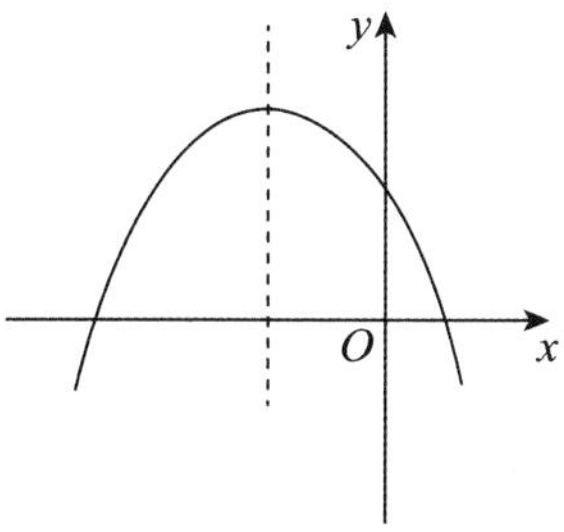

　A. $a < 0, b < 0, c > 0$

　B. $a < 0, b < 0, c < 0$

　C. $a < 0, b > 0, c > 0$

　D. $a > 0, b < 0, c > 0$

　E. $a > 0, b > 0, c > 0$

【解析】由抛物线图像可得,开口向下,则 $a < 0$,对称轴为 $x = -\dfrac{b}{2a} < 0$,则 $b < 0$,当 $x = 0$ 时,$y = c > 0$. 故选 A.

> **重点提炼**
>
> * 二次项系数 a 决定了二次函数开口的大小和方向,若两个抛物线的 a 相同,那么这两个抛物线的图像完全一样,只可能存在位置的区别.

例 6 二次函数 $y = ax^2 + bx + c$ 的图像如图所示,有如下四个命题:

①$abc > 0$;②$b > a + c$;③$4a + 2b + c < 0$;④$c < 2b$.

其中正确的个数为(   ).

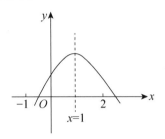

A. 0   B. 1   C. 2   D. 3   E. 4

【解析】由图可知,$a < 0, b > 0, c > 0$,所以 ① 错误.

因为 $f(-1) < 0$,所以 $a - b + c < 0$,② 正确.

因为 $f(2) > 0$,所以 $4a + 2b + c > 0$,③ 错误.

因为 $-\dfrac{b}{2a} = 1$,所以 $a = -\dfrac{b}{2}$,由 ②$b > a + c$,可得

$b > -\dfrac{b}{2} + c$,所以 $c < \dfrac{3}{2}b < 2b$,④ 正确. 故选 C.

公式 6　二次函数方程的形式

二次函数方程的形式有以下三种:

(1) 一般式:$y = ax^2 + bx + c$;

(2) 顶点式:$y = a\left(x + \dfrac{b}{2a}\right)^2 + \dfrac{4ac - b^2}{4a}$;

(3) 交点式:$y = a(x - x_1)(x - x_2)$.

例 7 已知抛物线 $y = x^2 + bx + c$ 的对称轴为 $x = 1$,且过点 $(-1,1)$,则(   ).

A. $b = -2, c = -2$ B. $b = 2, c = 2$

C. $b = -2, c = 2$ D. $b = -1, c = 1$

E. $b = 1, c = 1$

【解析】根据条件列出方程组,

$$\begin{cases} -\dfrac{b}{2} = 1, \\ 1 - b + c = 1 \end{cases} \Rightarrow \begin{cases} b = -2, \\ c = -2. \end{cases}$$

故选 A.

思路点拨

● 当题目中出现对称轴、最值或顶点的相关条件时,可以采用顶点式来设二次函数的方程.

● 当题目中出现抛物线与 x 轴交点的相关条件时,可以采用交点式来设二次函数的方程.

公式7　二次函数的零点

$\Delta = b^2 - 4ac$		$\Delta > 0$ 与 x 轴有两个 交点	$\Delta = 0$ 与 x 轴有一个 交点	$\Delta < 0$ 与 x 轴没有交点
二次函数 $y = ax^2 +$ $bx + c$ 的图像	$a > 0$			
	$a < 0$			

例8 已知二次函数 $y = kx^2 - 6x + 9$ 与 x 轴有交点,则 k 的取值范围是(　　).

A. $k < 1$ 　　　　　　　　 B. $k < 1$ 且 $k \neq 0$

C. $k \leqslant 1$ 　　　　　　　　 D. $k \leqslant 1$ 且 $k \neq 0$

E. 以上答案均不正确

【解析】要保证函数是二次函数,首先要保证二次项系数不为 0,即 $k \neq 0$. 二次函数与 x 轴有交点,即方程 $kx^2 - 6x + 9 = 0$ 有实根,需满足 $\Delta = 36 - 36k \geqslant 0$,解得 $k \leqslant 1$. 故选 D.

例9 二次函数 $y = cx^2 - 4x + 2c$ 的图像的最高点在 x 轴上,则 c 的值是(　　).

A. 2 　　　　 B. -2 　　 C. $-\sqrt{2}$ 　　 D. $\pm\sqrt{2}$ 　　 E. $\sqrt{2}$

【解析】二次函数 $y = cx^2 - 4x + 2c$ 的图像的最高点在 x 轴上,所以 $\Delta = 0$ 且 $c < 0$,即 $16 - 8c^2 = 0$ 且 $c < 0$,解得 $c = -\sqrt{2}$. 故选 C.

公式8　二次函数的最值

$\left(-\dfrac{b}{2a}, \dfrac{4ac - b^2}{4a}\right)$ 表示抛物线的顶点,决定函数的最值. 若 $a > 0$,则对称轴左侧单调递减,对称轴右侧单调递增,函数有最小值 $\dfrac{4ac - b^2}{4a}$,无最大值;若 $a < 0$,则对称轴左侧单调递增,对称

轴右侧单调递减,函数有最大值 $\dfrac{4ac-b^2}{4a}$,无最小值.

例 10 函数 $f(x)=x^2+4x+2$ 在区间 $[-1,2]$ 上的最小值为( ).

A. -2 B. -1 C. 0   D. 1   E. 2

【解析】函数 $f(x)=x^2+4x+2$ 的对称轴为 $-\dfrac{4}{2}=-2$.

函数开口向上,则离对称轴越近,函数值越小. 故在区间 $[-1,2]$ 上的最小值为 $f(-1)=-1$. 故选 B.

例 11 设实数 x,y 满足 $x+2y=3$,则 x^2+y^2+2y 的最小值为( ).

A. 4   B. 5   C. 6

D. $\sqrt{5}-1$ E. $\sqrt{5}+1$

【解析】将 $x=3-2y$ 代入 x^2+y^2+2y,得 $(3-2y)^2+y^2+2y=5y^2-10y+9=5(y-1)^2+4$,由于 $(y-1)^2$ 的最小值为 0,因此所求式子的最小值为 4. 故选 A.

公式组 4   指数函数、对数函数

公式 9   幂运算公式

(1) 同底数幂的乘法:$a^m \cdot a^n=a^{m+n}$.

(2) 幂的乘方:$(x^m)^n=x^{mn}$.

(3) 积的乘方:$(ab)^n=a^n b^n$,$\left(\dfrac{a}{b}\right)^n=\dfrac{a^n}{b^n}$.

(4) 同底数幂的除法:$a^m \div a^n=a^{m-n}$.

(5) 零指数幂的性质:$a^0=1(a \neq 0)$,即任何不等于 0 的数的 0 次幂都等于 1.

例 12 下列等式中不一定成立的是( ).

A. $a^2 \cdot a \cdot a^3=(a^3)^2$

B. $(ab)^m=a^m \cdot b^m$

C. $\left[(x+y)^2\right]^3=\left[(x+y)^3\right]^2$

D. $(a^3)^{m+1}=a^3 \cdot a^{m+1}$

E. $a^0=1(a \neq 0)$

【解析】$(a^3)^{m+1}=a^{3m+3} \neq a^3 \cdot a^{m+1}$. 故选 D.

公式 10   对数运算公式

若 $a>0$,且 $a \neq 1$,$M,N>0$,那么有如下计算公式:

(1) 积的对数:$\log_a MN = \log_a M + \log_a N$.

(2) 商的对数:$\log_a \dfrac{M}{N} = \log_a M - \log_a N$.

(3) 幂的对数:$\log_a M^n = n\log_a M$.

(4) 对数恒等式:$a^{\log_a N} = N$,$\log_a a^x = x$.

(5) 换底公式:$\log_a b = \dfrac{\log_c b}{\log_c a}$.

例13 $\lg^2 5 + \lg 2 \cdot \lg 50 = ($ 　　$)$.

A. 1　　　　B. $\lg 2$　　C. $\lg 5$　　D. 0　　　　E. -1

【解析】$\lg^2 5 + \lg 2 \cdot \lg 50 = \lg^2 5 + \lg 2 \cdot \lg(5^2 \cdot 2)$

$$= \lg^2 5 + \lg 2 \cdot (\lg 5^2 + \lg 2)$$

$$= \lg^2 5 + 2\lg 2 \cdot \lg 5 + \lg^2 2$$

$$= (\lg 5 + \lg 2)^2 = 1.$$

故选 A.

公式 11　指数函数、对数函数的图像和性质

名称	指数函数	对数函数
表达式	$y = a^x(a > 0, a \neq 1)$	$y = \log_a x(a > 0, a \neq 1)$
图像		
定义域	**R**	$(0, +\infty)$
值域	$(0, +\infty)$	**R**
恒过点	$(0,1)$	$(1,0)$
单调性	当 $a > 1$ 时,y 在 **R** 上单调递增; 当 $0 < a < 1$ 时,y 在 **R** 上单调递减	当 $a > 1$ 时,y 在 $(0, +\infty)$ 上单调递增; 当 $0 < a < 1$ 时,y 在 $(0, +\infty)$ 上单调递减
关系	$y = a^x$ 与 $y = \log_a x$ 互为反函数,两者图像关于 $y = x$ 对称	

例14 如果函数 $f(x) = (1 - 2a)^x$ 在实数集 **R** 上是减函数,那么实数 a 的取值范围是(　　).

A. $\left(0, \dfrac{1}{2}\right)$　　　　B. $\left(\dfrac{1}{2}, +\infty\right)$　　　　C. $\left(-\infty, \dfrac{1}{2}\right)$

重点提炼

· 该部分属于高中数学的知识,相对来说在大纲中属于较难的部分,出题频率比较低. 重点学习指数函数和对数函数的单调性.

D. $\left(-\dfrac{1}{2}, \dfrac{1}{2}\right)$ E. $(1, +\infty)$

【解析】根据指数函数的概念及性质求解.

由已知得,实数 a 应满足 $\begin{cases} 1-2a > 0, \\ 1-2a < 1, \end{cases}$ 解得 $0 < a < \dfrac{1}{2}$.

故选 A.

例 15 如果 $\log_m 3 < \log_n 3 < 0$,则 m, n 满足(   ).

A. $m > n > 1$ B. $n > m > 1$

C. $0 < m < n < 1$ D. $0 < n < m < 1$

E. 无法判断

【解析】由于 $\log_m 3 < \log_n 3 < 0$,因此 $\dfrac{1}{\log_3 m} < \dfrac{1}{\log_3 n} < 0 \Rightarrow$

$\log_3 n < \log_3 m < 0$,所以 $n < m$.

又 $\log_m 3 < \log_n 3 < 0$,所以 $0 < m, n < 1$. 故选 D.

公式导图

公式演练

1. 已知全集 $U = \{x \in \mathbf{Z} \mid 0 < x \leqslant 8\}$，集合 $A = \{x \in \mathbf{Z} \mid 2 < x < m\}(2 < m < 8)$，若 $\complement_U A$ 的元素的个数为 4，则 m 的取值范围为(　　).

　　A. $(6, 7]$　　B. $[6, 7)$　　C. $(6, 7)$　　D. $[6, 7]$　　E. 不确定

2. 已知二次函数 $y = mx^2 + 2mx + 1(m \neq 0)$ 在 $-2 \leqslant x \leqslant 2$ 时有最小值 -2，则 $m = ($　　$)$.

　　A. 3　　　　　　B. -3 或 $\dfrac{3}{8}$　　　　　　C. 3 或 $-\dfrac{3}{8}$

　　D. -3 或 $-\dfrac{3}{8}$　　　　E. $-\dfrac{3}{8}$

3. 已知二次函数 $y = x^2 + bx + c$ 的最小值是 -6，它的图像经过点 $(4, c)$，则 c 的值是(　　).

　　A. -4　　B. -2　　C. 2　　D. 6　　E. 4

4. $2\log_5 10 + \log_5 0.25 = ($　　$)$.

　　A. -2　　B. -1　　C. 0　　D. 1　　E. 2

5. 已知 $3^a = 2$，那么 $\log_3 8 - 2\log_3 6$ 用 a 表示是(　　).

　　A. $a - 2$　　　　　　B. $5a - 2$　　　　　　C. $3a - (1 + a)^2$

　　D. $3a - a^2$　　　　　E. $3a + a^2$

6. 已知 $3^a = 5^b = c$，且 $\dfrac{1}{a} + \dfrac{1}{b} = 2$，则 $c = ($　　$)$.

　　A. $-\sqrt{15}$　　B. $\pm\sqrt{15}$　　C. $\sqrt{15}$　　D. 4　　E. 2

7. 二次函数 $y = x^2 + 4x + a$ 的最小值是 3，则 a 的值是(　　).

　　A. 3　　B. 4　　C. 5　　D. 6　　E. 7

8. $(-3x^n y)^2 \cdot 3x^{n-1} y$ 的计算结果是(　　).

　　A. $9x^{3n-1} y^2$　　　　　　B. $12x^{3n-1} y^3$　　　　　　C. $27x^n y^3$

　　D. $27x^{3n-1} y^3$　　　　　E. $27x^{3n+1} y^3$

9. 二次函数 $y = m^2 x^2 - 4x + 1$ 有最小值 -3，则 m 等于(　　).

　　A. 1　　　B. -1　　C. ± 1　　D. $\pm\dfrac{1}{2}$　　E. $\dfrac{1}{2}$

10. 设集合 $A = \{1, 2, 3, 4, 5, 6\}$，集合 $B = \{4, 5, 6, 7, 8\}$，则满足 $S \subseteq A$ 且 $S \cap B \neq \varnothing$ 的集合 S 的个数是(　　).

　　A. 57　　B. 56　　C. 49　　D. 24　　E. 8

11. 设 $-1 \leqslant x \leqslant 1$，函数 $f(x) = x^2 + ax + 3$，当 $0 < a < 2$ 时，(　　).

A. $f(x)$ 的最大值是 $4+a$,最小值是 $3-\dfrac{a^2}{4}$

B. $f(x)$ 的最大值是 $4+a$,最小值是 $4-a$

C. $f(x)$ 的最大值是 $4-a$,最小值是 $4+a$

D. $f(x)$ 的最大值是 $4+a$,最小值是 $\dfrac{5}{4}a^2+3$

E. $f(x)$ 的最大值是 $\dfrac{5}{4}a^2+3$,最小值是 $4+a$

12. 已知 $a=\pi^{0.3}$,$b=\log_\pi 3$,$c=3^0$,则 a,b,c 的大小关系是( ).

A. $a>b>c$ B. $b>c>a$

C. $c>a>b$ D. $a>c>b$

E. $b>a>c$

13. 如图所示,已知抛物线 $y=ax^2+bx+c(a\neq 0)$ 经过点 $(-1,0)$,且顶点在第一象限. 有下列三个结论:①$a<0$;②$a+b+c>0$;③$-\dfrac{b}{2a}>0$. 所有正确结论的序号为( ).

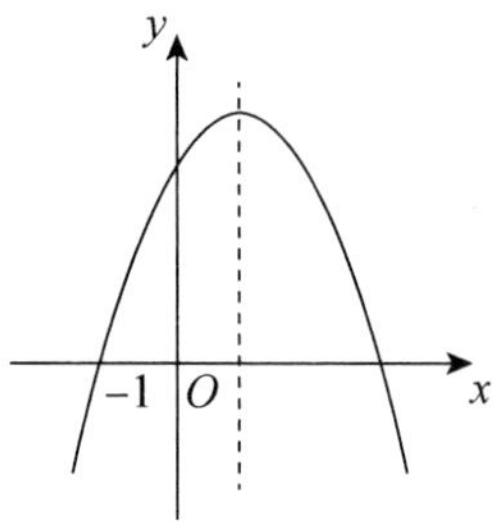

A. ①   B. ①②   C. ②   D. ①③   E. ①②③

14. 二次函数 $y=(3-m)x^2-x+n+5$ 的图像如图所示,则

$\sqrt{(m-3)^2}+\sqrt{n^2}-|m+n|=($).

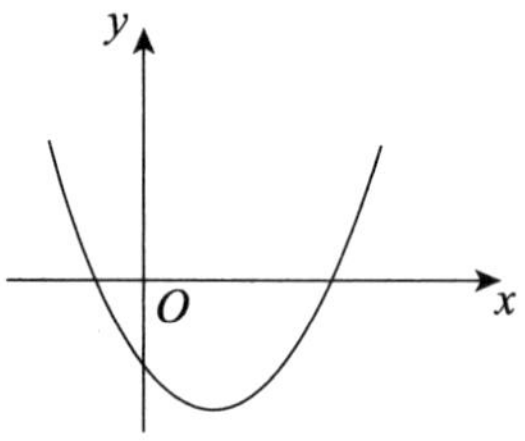

A. 3

B. -3

C. $3-2m-2n$

D. $3+2m+2n$

E. 以上答案均不正确

15. 已知 **R** 是实数集,集合 $A=\{x\mid 1<x<2\}$,$B=\left\{x\mid 0<x<\dfrac{3}{2}\right\}$,则阴影部分表示的集合是( ).

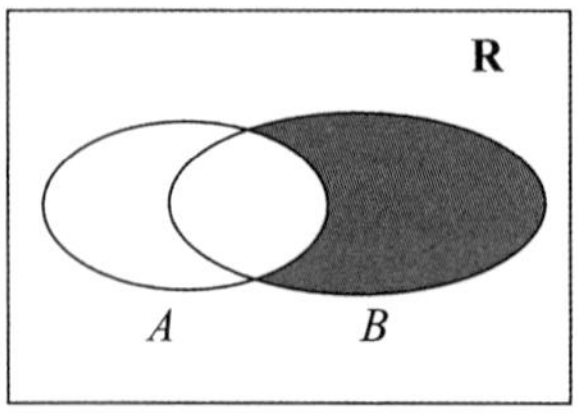

A. $[0,1]$ B. $(0,1]$ C. $[0,1)$ D. $(0,1)$ E. $(0,2)$

16. 函数 $y = ax^2 + 8x + a$ 与 x 轴有一个交点.

 (1)$a = 0$.

 (2)$a = \pm 4$.

17. 已知 $f(x) = x^2 + ax + b$,则 $0 \leqslant f(1) \leqslant 1$.

 (1)$f(x)$ 在区间 $[0,1]$ 上有两个零点.

 (2)$f(x)$ 在区间 $[1,2]$ 上有两个零点.

18. $y = (2-a)x^2 - x + \dfrac{1}{4}$ 的图像与 x 轴有交点.

 (1)$a < 2$.

 (2)$a > 1$.

19. $a > b$.

 (1)a, b 为实数,且 $a^2 > b^2$.

 (2)a, b 为实数,且 $\left(\dfrac{1}{2}\right)^a < \left(\dfrac{1}{2}\right)^b$.

20. $m = 9$.

 (1)$a^{\frac{1}{2}} = \dfrac{4}{9}(a > 0)$,$\log_{\frac{2}{3}} a = m$.

 (2)$\left(\lg \dfrac{1}{4} - \lg 25\right) \div 100^{-\frac{1}{2}} = m$.

参考答案与解析

答案速查:1~5 ACBEA 6~10 CEDCB 11~15 ADEAB 16~20 DDBBE

1. A 【解析】本题运用公式2. 因为全集 $U = \{x \in \mathbf{Z} \mid 0 < x \leqslant 8\} = \{1,2,3,4,5,6,7,8\}$,集合 $A = \{x \in \mathbf{Z} \mid 2 < x < m\}(2 < m < 8)$,所以 $\complement_U A = \{x \in \mathbf{Z} \mid 0 < x \leqslant 2$ 或 $m \leqslant x \leqslant 8\}(2 < m < 8)$. 又 $\complement_U A$ 的元素的个数为 4,所以 $m \in (6,7]$. 故选 A.

2. C 【解析】本题运用公式8. 因为二次函数 $y = mx^2 + 2mx + 1 = m(x+1)^2 - m + 1$,所以对称轴为直线 $x = -1$. 若 $m > 0$,则抛物线开口向上,当 $x = -1$ 时,有最小值 $y = -m + 1 = -2$,解得 $m = 3$;若 $m < 0$,则抛物线开口向下,因为对称轴为直线 $x = -1$,且在 $-2 \leqslant x \leqslant 2$ 时有最小值 -2,所以当 $x = 2$ 时,有最小值 $y = 4m + 4m + 1 = -2$,解得 $m = -\dfrac{3}{8}$. 故选 C.

3. B 【解析】本题运用公式8. 把点 $(4,c)$ 代入 $y = x^2 + bx + c$,得 $c = 4^2 + 4b + c$,解得 $b = -4$,因为二次函数 $y = x^2 + bx + c$ 的最小值是 -6,所以 $\dfrac{4ac - b^2}{4a} = -6$,即 $\dfrac{4c - 16}{4} = -6$,解得 $c = -2$. 故选 B.

4. E 【解析】本题运用公式 10. $2\log_5 10 + \log_5 0.25 = \log_5 10^2 + \log_5 0.25 = \log_5(100 \times 0.25) = \log_5 25 = 2$. 故选 E.

5. A 【解析】本题运用公式 10. $3^a = 2$, 则 $a = \log_3 2$, 故 $\log_3 8 - 2\log_3 6 = 3\log_3 2 - 2(\log_3 2 + \log_3 3) = 3a - 2(a+1) = a - 2$. 故选 A.

6. C 【解析】本题运用公式 10. 由 $3^a = c \Rightarrow \log_c 3^a = 1 \Rightarrow a\log_c 3 = 1 \Rightarrow \log_c 3 = \dfrac{1}{a}$. 同理 $\log_c 5 = \dfrac{1}{b}$, 因此 $\dfrac{1}{a} + \dfrac{1}{b} = 2 \Rightarrow \log_c 3 + \log_c 5 = 2 \Rightarrow \log_c 15 = 2 \Rightarrow c^2 = 15$.

又因为 $c > 0$, 所以 $c = \sqrt{15}$. 故选 C.

7. E 【解析】本题运用公式 8. $y = x^2 + 4x + a = x^2 + 4x + 4 - 4 + a = (x+2)^2 - 4 + a$, 由题意得, $-4 + a = 3$, 解得 $a = 7$. 故选 E.

8. D 【解析】本题运用公式 9. $(-3x^n y)^2 \cdot 3x^{n-1} y = 27x^{3n-1} y^3$. 故选 D.

9. C 【解析】本题运用公式 8. 在 $y = m^2 x^2 - 4x + 1$ 中, $m^2 > 0$, 则在顶点处取得最小值, 即 $\dfrac{4ac - b^2}{4a} = \dfrac{4m^2 - 16}{4m^2} = -3$, 解得 $m = \pm 1$. 故选 C.

10. B 【解析】本题运用公式 1. 只满足 $S \subseteq A$ 的 S 有 $2^6 = 64$(个), 其中有些不满足 $S \cap B \neq \varnothing$, 需要把这些减去. 所以需要算出满足 $S \subseteq A$ 且 $S \cap B = \varnothing$ 的 S 的个数. 若 $S \subseteq A$ 且 $S \cap B = \varnothing$, 则 S 必为 $\{1,2,3\}$ 的子集, 这样的 S 有 $2^3 = 8$(个). 所以满足 $S \subseteq A$ 且 $S \cap B \neq \varnothing$ 的集合 S 的个数为 $64 - 8 = 56$(个). 故选 B.

11. A 【解析】本题运用公式 8. $f(x) = x^2 + ax + 3 = \left(x + \dfrac{a}{2}\right)^2 + 3 - \dfrac{a^2}{4}$, 当 $0 < a < 2$ 时, $-1 < -\dfrac{a}{2} < 0$, 可知 $f(x)$ 的最大值是 $f(1) = 4 + a$, 最小值是 $f\left(-\dfrac{a}{2}\right) = 3 - \dfrac{a^2}{4}$. 故选 A.

12. D 【解析】本题运用公式 11. $a = \pi^{0.3} > \pi^0 = 1$, $b = \log_\pi 3 < \log_\pi \pi = 1$, $c = 3^0 = 1$, 则 $a > c > b$. 故选 D.

13. E 【解析】本题运用公式 5. 抛物线过点 $(-1,0)$, 则 $0 = a - b + c$. 因为抛物线顶点在第一象限, 所以 $-\dfrac{b}{2a} > 0$, $\dfrac{4ac - b^2}{4a} > 0$, 且 $a < 0$, 故 $b > 0$. 又 $a + b + c = a - b + c + 2b = 2b > 0$, 所以都正确. 故选 E.

14. A 【解析】本题运用公式 5. 由图像可得, $3 - m > 0$, $n + 5 < 0$, 即 $m < 3$, $n < -5$. 故 $\sqrt{(m-3)^2} + \sqrt{n^2} - |m+n| = |m-3| + |n| - |m+n| = 3 - m - n + m + n = 3$. 故选 A.

15. B　【解析】本题运用公式 2. 已知 **R** 是实数集，集合 $A = \{x \mid 1 < x < 2\}, B = \{x \mid 0 < x < \frac{3}{2}\}$，阴影部分表示的集合是 $(\complement_{\mathbf{R}} A) \cap B = \{x \mid 0 < x \leqslant 1\}$，即 $(0,1]$. 故选 B.

16. D　【解析】本题运用公式 7. 对于条件(1)，当 $a = 0$ 时，$y = 8x$，为过原点的一次函数，与 x 轴有一个交点，即原点 $(0,0)$，充分；对于条件(2)，当 $a = \pm 4$ 时，$y = 4x^2 + 8x + 4$ 或 $y = -4x^2 + 8x - 4$，则 $\Delta = 8^2 - 4 \times 4 \times 4 = 0$ 或 $\Delta = 8^2 - 4 \times (-4) \times (-4) = 0$，即函数 $y = 4x^2 + 8x + 4$ 和 $y = -4x^2 + 8x - 4$ 都与 x 轴有一个交点，充分. 故选 D.

17. D　【解析】本题运用公式 6. 将二次函数设为交点式的形式，$f(x) = (x - x_1)(x - x_2)$，则 $f(1) = (1 - x_1)(1 - x_2)$. 条件(1)，$0 \leqslant x_1 \leqslant 1$ 且 $0 \leqslant x_2 \leqslant 1$，所以 $0 \leqslant 1 - x_1 \leqslant 1$ 且 $0 \leqslant 1 - x_2 \leqslant 1$，可得 $0 \leqslant f(1) \leqslant 1$，充分；条件(2)，同理可得，$0 \leqslant x_1 - 1 \leqslant 1$ 且 $0 \leqslant x_2 - 1 \leqslant 1$，因此 $0 \leqslant f(1) \leqslant 1$，充分. 故选 D.

18. B　【解析】本题运用公式 7. 若 $a = 2$，则函数为一次函数，显然与 x 轴有交点；若 $a \neq 2$，则当 $\Delta \geqslant 0$ 时与 x 轴有交点，即 $1 - (2 - a) \geqslant 0$，解得 $a \geqslant 1$. 综上，需要满足条件 $a \geqslant 1$ 才可以推出结论，条件(1) 不充分，条件(2) 充分. 故选 B.

19. B　【解析】本题运用公式 11. 条件(1)，由于无法确定 a 和 b 的正负，因此不能推出原结论；条件(2)，利用指数函数的单调性可以得出 $a > b$. 故选 B.

20. E　【解析】本题运用公式 9 和公式 10. 条件(1)，可得 $a = \frac{16}{81} \Rightarrow m = \log_{\frac{2}{3}} a = 4$，不充分；条件(2)，$m = \lg \frac{1}{100} \div \frac{1}{\sqrt{100}} = -2 \div \frac{1}{10} = -20$，不充分；联合亦不充分. 故选 E.

第四章

方程和不等式

考情分析

　　本章属于考试大纲中的代数部分. 从大纲内容上分析, 本章需要重点掌握方程和不等式相关的一系列考点, 如: 二元一次不等式组、一元二次方程和不等式、均值不等式、含绝对值的不等式. 剩余考点, 如: 分式方程和不等式、高次方程和不等式、三角不等式、柯西不等式等掌握基本解题思路即可.

　　从试题分布上分析, 单独考查本章考点的题目有 2 ～ 4 道题, 本章的相关考点也可以和前面章节的考点综合起来出题, 如: 与算术部分的绝对值结合考查, 与整式运算的代入消元法结合考查.

　　本章整体难度较大, 学习建议用时为 4 ～ 5 小时.

📝 基本概念 ▾

1. 消元思想.

二元一次方程组有两个未知数,如果消去其中的一个未知数,那么就把二元一次方程组转化为熟悉的一元一次方程,就可以先求出一个未知数,再求出另一个未知数. 这种将未知数的个数由多化少,逐一解决的思想叫作消元思想.

2. 一元二次方程的定义和一般形式.

只含有一个未知数(一元),并且未知数项的最高次数是2(二次)的整式方程叫作一元二次方程. 一元二次方程经过整理都可化成一般形式: $ax^2+bx+c=0(a\neq0)$,其中 ax^2 叫作二次项, a 是二次项系数; bx 叫作一次项, b 是一次项系数; c 叫作常数项.

3. 一元二次方程的根.

一元二次方程的解(根)的意义:能使一元二次方程左右两边相等的未知数的值称为一元二次方程的解. 一般情况下,一元二次方程的解也称为一元二次方程的根(只含有一个未知数的方程的解也叫作这个方程的根).

4. 不等式的性质.

(1) 不等式两边加(或减)同一个数(或式子),不等号的方向不变.

(2) 不等式两边乘(或除以)同一个正数,不等号的方向不变.

(3) 不等式两边乘(或除以)同一个负数,不等号的方向改变.

5. 分式方程的定义.

分母里含有未知数的方程叫作分式方程.

6. 算术平均值.

设 n 个数 $x_1,x_2,\cdots,x_n$,称 $\overline{x}=\dfrac{x_1+x_2+\cdots+x_n}{n}$ 为这 n 个数的算术平均值,简记为 $\overline{x}=\dfrac{\displaystyle\sum_{i=1}^{n}x_i}{n}$.

7. 几何平均值.

设 n 个正数 $x_1,x_2,\cdots,x_n$,称 $x_g=\sqrt[n]{x_1x_2\cdots x_n}$ 为这 n 个正数的几何平均值,简记为 $\sqrt[n]{\displaystyle\prod_{i=1}^{n}x_i}$.

📖 **重点提炼**

• 不等号方向改变的含义: $\geqslant$ 变 $\leqslant$, $\leqslant$ 变 $\geqslant$, $>$ 变 $<$, $<$ 变 $>$.

📝 公式精讲 ▾

公式组 1　二元一次方程组 / 不等式组

▮公式 1　二元一次方程组求解

（1）代入消元法：把二元一次方程组中的一个方程的一个未知数用含另一个未知数的式子表示出来，再代入另一个方程实现消元，进而求得二元一次方程组的解，这种方法叫作代入消元法，简称代入法.

举例如下：

$$\begin{cases} 2x+y=7, \\ x-2y=1 \end{cases} \Rightarrow \begin{cases} y=7-2x, \\ x-2y=1 \end{cases} \Rightarrow x-2(7-2x)=1,$$

这样就实现了消元，再继续求解，解得 $x=3, y=1$.

（2）加减消元法：当二元一次方程组中同一未知数的系数相反或相等时，把这两个方程的两边分别相加或相减，就能消去这个未知数，得到一元一次方程. 这种方法叫作加减消元法，简称加减法.

举例如下：

$$\begin{cases} 2x+y=7, \\ x-2y=1 \end{cases} \Rightarrow \begin{cases} 4x+2y=14, \\ x-2y=1 \end{cases} \Rightarrow (4x+2y)+(x-2y)=$$

$14+1 \Rightarrow x=3$.

例1 $(\alpha+\beta)^{2\,009}=1$.

（1）$\begin{cases} x+3y=7, \\ \beta x+\alpha y=1 \end{cases}$ 与 $\begin{cases} 3x-y=1, \\ \alpha x+\beta y=2 \end{cases}$ 有相同的解.

（2）α 与 β 是方程 $x^2+x-2=0$ 的两个根.

【解析】 条件（1）：$\begin{cases} x+3y=7, \\ 3x-y=1 \end{cases} \Rightarrow \begin{cases} x=1, \\ y=2, \end{cases}$ 所以 α 和 β 满足

方程组 $\begin{cases} \beta+2\alpha=1, \\ \alpha+2\beta=2 \end{cases} \Rightarrow \begin{cases} \alpha=0, \\ \beta=1, \end{cases}$ 可以推出结论，故条件（1）充分；

条件（2）：根据韦达定理 $\alpha+\beta=-1$，推不出结论，故条件（2）不充分. 故选 A.

🖧 思路点拨

- 解方程比较简单，考试一般会结合应用题以解方程组的形式进行考查.

- 代入消元的方法要重点掌握，在代数的其他考点中经常使用.

公式2 二元一次不等式组求解

(1) 传递性：$a > b, b > c \Rightarrow a > c$；

(2) 同向相加性：$\begin{cases} a > b, \\ c > d \end{cases} \Rightarrow a + c > b + d$；

(3) 同向皆正相乘性：$\begin{cases} a > b > 0, \\ c > d > 0 \end{cases} \Rightarrow ac > bd$.

例2 设 x, y 是实数，则 $x \leqslant 6, y \leqslant 4$.

(1) $x \leqslant y + 2$.

(2) $2y \leqslant x + 2$.

【解析】单独利用条件(1) 和条件(2) 显然不能推出结论，两个条件联合，可得 $2y \leqslant x + 2 \leqslant y + 2 + 2$，即 $2y \leqslant y + 4$，解得 $y \leqslant 4, x \leqslant y + 2 \leqslant 4 + 2$，即 $x \leqslant 6$，联合充分. 故选 C.

例3 已知 a, b 为实数，则 $a \geqslant 2$ 或 $b \geqslant 2$.

(1) $a + b \geqslant 4$.

(2) $ab \geqslant 4$.

【解析】条件(1)：采用反证法，若 $a < 2$ 且 $b < 2$，则 $a + b < 4$，与条件矛盾，因此由条件(1) 可以推出结论，充分；条件(2)：举反例，当 $a = b = -3$ 时，显然不能推出结论，不充分. 故选 A.

公式组2 一元二次方程 / 不等式

公式3 一元二次方程根的情况

方程 $ax^2 + bx + c = 0 (a \neq 0)$ 的实数根情况如下（$\Delta = b^2 - 4ac$）：

当 $\Delta > 0$ 时，方程有两个相异的实根，$x_{1,2} = \dfrac{-b \pm \sqrt{b^2 - 4ac}}{2a}$.

当 $\Delta = 0$ 时，方程有两个相等的实根，$x_{1,2} = -\dfrac{b}{2a}$.

当 $\Delta < 0$ 时，方程没有实根.

例4 关于 x 的方程 $mx^2 + 2x - 1 = 0$ 有两个不相等的实根.

(1) $m > 1$.

(2) $m \neq 0$.

【解析】由题意得，$\begin{cases} m \neq 0, \\ \Delta = 4 + 4m > 0, \end{cases}$ 解得 $\begin{cases} m \neq 0, \\ m > -1, \end{cases}$ 显

重点提炼

• 解不等式组时，如果两个不等式不同向，可以先调整为同向再进行运算.

重点提炼

• 推导过程如下：

$$ax^2 + bx + c = 0$$

$$\Rightarrow x^2 + \frac{b}{a}x + \frac{c}{a} = 0$$

$$\Rightarrow x^2 + 2 \cdot \frac{b}{2a}x + \frac{b^2}{4a^2} +$$

$$\left(\frac{c}{a} - \frac{b^2}{4a^2} \right) = 0$$

$$\Rightarrow \left(x + \frac{b}{2a} \right)^2 = \frac{b^2 - 4ac}{4a^2}$$

$$\Rightarrow x + \frac{b}{2a} = \pm \sqrt{\frac{b^2 - 4ac}{4a^2}}$$

$$= \pm \frac{\sqrt{b^2 - 4ac}}{2a}$$

$$\Rightarrow x_{1,2} = \frac{-b \pm \sqrt{b^2 - 4ac}}{2a}.$$

然,条件(1) 充分,条件(2) 不充分.故选 A.

例5 已知关于 x 的一元二次方程 $k^2x^2-(2k+1)x+1=0$ 有两个相异的实根,则 k 的取值范围为(   ).

A.$k>\dfrac{1}{4}$

B.$k\geqslant\dfrac{1}{4}$

C.$k>-\dfrac{1}{4}$ 且 $k\neq 0$

D.$k\geqslant-\dfrac{1}{4}$ 且 $k\neq 0$

E.以上答案均不正确

【解析】一元二次方程有两个相异的实根需要满足:① 二次项系数 $\neq 0$;② 判别式 >0.所以 $k^2\neq 0$ 且 $(2k+1)^2-4k^2>0$,解得 $k>-\dfrac{1}{4}$ 且 $k\neq 0$.故选 C.

公式4　韦达定理及其应用

已知一元二次方程 $ax^2+bx+c=0(a\neq 0)$ 的两个实数根为 x_1 和 x_2,则

$$x_1+x_2=-\frac{b}{a},x_1\cdot x_2=\frac{c}{a}.$$

与之相关的其他运算举例如下:

(1) $\dfrac{1}{x_1}+\dfrac{1}{x_2}=\dfrac{x_1+x_2}{x_1x_2}$.

(2) $\dfrac{1}{x_1^2}+\dfrac{1}{x_2^2}=\dfrac{(x_1+x_2)^2-2x_1x_2}{(x_1x_2)^2}$.

(3) $|x_1-x_2|=\sqrt{(x_1+x_2)^2-4x_1x_2}$.

(4) $x_1^2+x_2^2=(x_1+x_2)^2-2x_1x_2$.

(5) $x_1^2-x_2^2=(x_1+x_2)(x_1-x_2)$.

(6) $x_1^3+x_2^3=(x_1+x_2)(x_1^2+x_2^2-x_1x_2)$.

(7) $x_1^3-x_2^3=(x_1-x_2)(x_1^2+x_2^2+x_1x_2)$.

例6 若 $n(n\neq 0)$ 是关于 x 的方程 $x^2+2mx+3n=0$ 的根,则 $2m+n$ 的值为(   ).

A.1　　　　B.2　　　　C.-1　　　D.-3　　　E.0

【解析】根据韦达定理知两根之积是 $3n$,所以另一个根是 3.因此两根之和 $n+3=-2m$,所以 $2m+n=-3$.故选 D.

例7 若 a,b 是一元二次方程 $x^2+2x-9=0$ 的两根,则 $\dfrac{b}{a}+$

- 两实根/有实根$\Rightarrow$判别式$\geqslant 0$;

  两相异实根 $\Rightarrow$ 判别式 >0;

  两相等实根 $\Rightarrow$ 判别式 $=0$;

  无实根 $\Rightarrow$ 判别式 <0.(注意二次项系数 $\neq 0$)

- 推导:$x_1+x_2=\dfrac{-b+\sqrt{\Delta}}{2a}+$

  $\dfrac{-b-\sqrt{\Delta}}{2a}=-\dfrac{b}{a}$;

  $x_1\cdot x_2=\dfrac{-b+\sqrt{\Delta}}{2a}\cdot\dfrac{-b-\sqrt{\Delta}}{2a}$

  $=\dfrac{4ac}{4a^2}=\dfrac{c}{a}$.

- 关于一元二次方程的学习要从最基础的配方开始,了解判别式的实际含义,进而掌握根的情况和求根公式,再利用求根公式推导出韦达定理.

$\dfrac{a}{b}$ 的值是( ).

A. $-\dfrac{22}{9}$ B. $-\dfrac{14}{9}$ C. $\dfrac{22}{9}$ D. $\dfrac{14}{9}$ E. $-\dfrac{23}{9}$

【解析】$\dfrac{b}{a}+\dfrac{a}{b}=\dfrac{a^2+b^2}{ab}=\dfrac{(a+b)^2-2ab}{ab}$,根据韦达定

理可得 $a+b=-2,ab=-9$.故 $\dfrac{b}{a}+\dfrac{a}{b}=\dfrac{4+18}{-9}=-\dfrac{22}{9}$.故选 A.

公式5 一元二次方程根的分布

(1) 一个根小于 k,一个根大于 k,即 $x_1<k<x_2$,则 $a\cdot f(k)<0$.

(2) 两个根都大于 k,即 $x_1>k,x_2>k$,则 $\begin{cases}\Delta\geqslant 0,\\ -\dfrac{b}{2a}>k,\\ a\cdot f(k)>0.\end{cases}$

(3) 两个根都小于 k,即 $x_1<k,x_2<k$,则 $\begin{cases}\Delta\geqslant 0,\\ -\dfrac{b}{2a}<k,\\ a\cdot f(k)>0.\end{cases}$

(4) 两个根都大于 k_1,小于 k_2,即 $k_1<x_1<k_2,k_1<x_2<k_2$,则

$$\begin{cases}\Delta\geqslant 0,\\ k_1<-\dfrac{b}{2a}<k_2,\\ a\cdot f(k_1)>0,a\cdot f(k_2)>0.\end{cases}$$

(5) 一个根在区间 (a,b) 内,另一个根在区间 (c,d) 内,

则 $\begin{cases}f(a)\cdot f(b)<0,\\ f(c)\cdot f(d)<0.\end{cases}$

重点提炼

• 若根分布的范围是闭区间,只需要在对应条件下加上取等即可.

例8 要使方程 $3x^2+(m-5)x+m^2-m-2=0$ 的两根 x_1,x_2 分别满足 $0<x_1<1$ 和 $1<x_2<2$,则实数 m 的取值范围是( ).

A. $-2<m<-1$ B. $-4<m<-1$

C. $-4<m<-2$ D. $\dfrac{-1-\sqrt{65}}{2}<m<-1$

E. $-3<m<1$

【解析】解决此题的方法是将一元二次方程根的分布情况转化为二次函数的零点分布情况.设函数 $f(x)=3x^2+(m-5)x+m^2-m-2$,根据题意,该二次函数的两个零点分别在

$(0,1)$ 和 $(1,2)$ 内. 由于二次函数开口向上,根据图像性质有 $f(0)>0, f(1)<0, f(2)>0$,即
$$\begin{cases} m^2-m-2>0, \\ 3+m-5+m^2-m-2<0, \\ 12+2(m-5)+m^2-m-2>0 \end{cases} \Rightarrow$$

$$\begin{cases} m>2 \text{ 或 } m<-1, \\ -2<m<2, \\ m>0 \text{ 或 } m<-1 \end{cases} \Rightarrow -2<m<-1. \text{故选 A.}$$

例9 方程 $2ax^2-2x-3a+5=0$ 的一个根大于 1,另一个根小于 1.

(1) $a>3$.

(2) $a<0$.

【解析】设 $f(x)=2ax^2-2x-3a+5$. 欲使结论成立,需要满足条件:$af(1)<0$,即 $a(2a-2-3a+5)<0$,解得 $a>3$ 或 $a<0$. 故选 D.

▎公式 6   一元二次不等式求解

(1) 二次项系数调正:如果由负调正注意改变不等号的方向.

(2) 求解对应方程的根:可用十字相乘因式分解求根,也可用求根公式求根.

(3) 按照下表写解集.

🔲 快速记忆

● 口诀:大于取两边,小于取中间.

$ax^2+bx+c=0$	有两相异实根 $x_1,x_2(x_1<x_2)$	有两相等实根 $x_1=x_2=-\dfrac{b}{2a}$	无实根
$ax^2+bx+c>0$ $(a>0)$ 的解集	$\{x\mid x<x_1 \text{ 或 } x>x_2\}$	$\left\{x\mid x\neq-\dfrac{b}{2a}\right\}$	$\mathbf{R}$
$ax^2+bx+c\geqslant0$ $(a>0)$ 的解集	$\{x\mid x\leqslant x_1 \text{ 或 } x\geqslant x_2\}$	$\mathbf{R}$	$\mathbf{R}$
$ax^2+bx+c<0$ $(a>0)$ 的解集	$\{x\mid x_1<x<x_2\}$	$\varnothing$	$\varnothing$
$ax^2+bx+c\leqslant0$ $(a>0)$ 的解集	$\{x\mid x_1\leqslant x\leqslant x_2\}$	$\left\{x\mid x=-\dfrac{b}{2a}\right\}$	$\varnothing$

例10 解不等式:$-x^2+3x+4>0$.

【解析】第1步:把二次项的系数化为正数,$x^2-3x-4<0$(注意不等号变方向).

第2步:利用求根公式或因式分解求出对应方程的根,x^2-

$3x-4=0$ 的根是 4 和 -1.

第 3 步：口诀"大于取两边，小于取中间"，该不等式的解集为 $(-1,4)$.

例 11 不等式 $4+5x^2 > x$ 的解集是( ).

A. 全体实数 B. $(-5,-1)$ C. $(-4,2)$

D. 空集 E. $[0,5]$

【解析】原不等式转化为 $5x^2-x+4>0$，因为 $5x^2-x+4=0$ 的判别式 <0，所以原不等式恒成立，因此解集为全体实数. 故选 A.

例 12 一元二次不等式 $3x^2-4ax+a^2<0(a<0)$ 的解集是( ).

A. $\dfrac{a}{3}<x<a$ B. $x>a$ 或 $x<\dfrac{a}{3}$

C. $a<x<\dfrac{a}{3}$ D. $x>\dfrac{a}{3}$ 或 $x<a$

E. $a<x<3a$

【解析】根据题意，$3x^2-4ax+a^2=(3x-a)(x-a)<0$，所以解集应该在两根之内，因为 $a<0$，所以 $\dfrac{a}{3}>a$，因此该不等式的解集是 $a<x<\dfrac{a}{3}$. 故选 C.

公式 7　一元二次不等式的恒成立问题

(1)一元二次不等式 $f(x)>(\geqslant)0$ 恒成立 $\Rightarrow f(x)$ 开口向上且判别式 $<(\leqslant)0$.

(2)一元二次不等式 $f(x)<(\leqslant)0$ 恒成立 $\Rightarrow f(x)$ 开口向下且判别式 $<(\leqslant)0$.

例 13 对任意的 x,不等式 $(k+3)x^2-2(k+3)x+k-1<0$ 恒成立.

(1)$k=0$.

(2)$k=-3$.

【解析】条件(1)：当 $k=0$ 时，不等式转化为 $3x^2-6x-1<0$，显然不恒成立，不充分；条件(2)：当 $k=-3$ 时，不等式转化为 $-4<0$，恒成立，充分. 故选 B.

例 14 不等式 $ax^2 + (a-6)x + 2 > 0$ 对所有实数 x 都成立.

(1) $0 < a < 3$.

(2) $1 < a < 5$.

【解析】$a = 0$ 显然不满足结论. 因此要想使原不等式成立,则有 $a > 0$,且 $\Delta = (a-6)^2 - 8a < 0$,解得 $2 < a < 18$,因此两个条件单独或是联合都不充分. 故选 E.

公式组 3　一元高次方程/不等式

公式 8　一元高次方程求解

一元高次方程的求解方法是将高次方程进行因式分解后再进行求解. 可采用试根法、公式法、待定系数法进行因式分解.

例 15 设方程 $x^3 - ax^2 - bx + a = 0$ 的三个根是 x_1, x_2 和 x_3,已知 $x_1 = 1$,那么 $\dfrac{1}{x_2} + \dfrac{1}{x_3} = ($　　$)$.

A. $\dfrac{1}{a} - 1$　　　　　B. $1 - \dfrac{1}{a}$　　　　　C. $\dfrac{1}{2-a} - 1$

D. $1 - \dfrac{1}{2-a}$　　　　E. $\dfrac{1}{a-2} - 1$

【解析】将 $x_1 = 1$ 代入方程可得 $b = 1$,故 $x^3 - ax^2 - x + a = (x-1)(x^2 + x - ax - a) = 0$,所以 x_2, x_3 为方程 $x^2 + x - ax - a = 0$ 的两根. 根据韦达定理 $x_2 + x_3 = a - 1$,$x_2 x_3 = -a$,所以 $\dfrac{1}{x_2} + \dfrac{1}{x_3} = \dfrac{x_2 + x_3}{x_2 x_3} = \dfrac{a-1}{-a} = \dfrac{1}{a} - 1$. 故选 A.

公式 9　一元高次不等式求解

解一元高次不等式常用数轴穿根法,其一般步骤如下:

(1) 调系数:将不等式转化为一端为 0,另一端为因式乘积的形式,且每个因式最高次项的系数为正.

(2) 求根、标根:求出各个因式的根,在数轴上从小到大依次标出.

(3) 画曲线:从数轴的最右端上方起,自右至左依次经过各个根画曲线. 每经过一个根就要由上至下或由下至上穿过数轴

重点提炼

• 解高次不等式时,把一端调整为 0 以后,要先观察式子中有没有正负性确定的式子,比如判别式 < 0 的二次式,对于这种式子可以直接消去,然后按照做题步骤进行求解.

（注意奇穿偶不穿）.

（4）写解集：记数轴上方为正，下方为负，根据不等号的方向写出不等式的解集.

例16 解不等式$(x^2+2x-3)(x-2)(-8x+24)\leqslant 0$.

【解析】$(x+3)(x-1)(x-2)(8x-24)\geqslant 0$，不等式方程等于0的根为$-3,1,2,3$，在数轴上标根并依次经过各个根画出曲线，如图所示.

故不等式的解集为$(-\infty,-3]\cup[1,2]\cup[3,+\infty)$.

例17 $(2x^2+x+3)(-x^2+2x+3)<0$.

（1）$x\in[-3,-2]$.

（2）$x\in(4,5)$.

【解析】因为$2x^2+x+3$恒大于0，所以欲使结论成立，需满足条件：$x^2-2x-3>0$，即$(x-3)(x+1)>0$，解得$x>3$或$x<-1$.因此条件（1）和条件（2）都可推出结论.故选 D.

例18 $(x^2-2x-8)(2-x)(2x-2x^2-6)>0$.

（1）$x\in(-3,-2)$.

（2）$x\in[2,3]$.

【解析】本题需要注意到$2x-2x^2-6=0$的判别式<0，且开口向下，故$2x-2x^2-6<0$恒成立，故原不等式可化为$(x^2-2x-8)(2-x)<0$，解得$-2<x<2$或$x>4$.显然条件（1）和条件（2）单独都不充分，联合也不充分.故选 E.

公式组4 分式 / 根式方程和不等式

▌公式10 分式方程求解

解分式方程的思想是将"分式方程"转化为"整式方程"，它的一般解法是：

（1）去分母，方程两边都乘以最简公分母；

（2）解所得的整式方程；

（3）验根：将所得的根代入最简公分母，若等于零，就是增根，应该舍去；若不等于零，就是原方程的根.

📖 **重点提炼**

• 解分式方程时要注意方程可能产生的增根问题.

例 19 方程 $\dfrac{1}{x-1}-\dfrac{2}{x+5}+1=0$ 的根是( ).

A. 1 或 -2 B. 2 或 -2 C. 1 或 2

D. -1 或 -2 E. 2

【解析】原方程可以转化为

$$\dfrac{x+5-2(x-1)+(x-1)(x+5)}{(x-1)(x+5)}=0,$$

即 $x+5-2(x-1)+(x-1)(x+5)=0$ 且 $(x-1)(x+5)\neq 0$,

解得 $x=-1$ 或 -2,故选 D.

公式 11   分式不等式求解

(1) 将所给的分式不等式调整为一端为分式,另一端为 0 的形式.

(2) 按照下述形式将分式不等式转化为整式不等式.

$\dfrac{f(x)}{g(x)}>0(<0)\Leftrightarrow f(x)g(x)>0(<0).$

$\dfrac{f(x)}{g(x)}\geqslant 0(\leqslant 0)\Leftrightarrow f(x)g(x)\geqslant 0(\leqslant 0)$ 且 $g(x)\neq 0.$

(3) 求解该整式不等式.

例 20 不等式 $\dfrac{x^2-2x+3}{x^2-5x+6}\geqslant 0$ 的解集是( ).

A. $(2,3)$ B. $(-\infty,2]$

C. $[3,+\infty)$ D. $(-\infty,2]\cup[3,+\infty)$

E. $(-\infty,2)\cup(3,+\infty)$

【解析】分子 $x^2-2x+3=(x-1)^2+2>0$ 恒成立,故原不等式可化为 $x^2-5x+6>0$,即 $(x-2)(x-3)>0$,解得 $x<2$ 或 $x>3$. 故选 E.

公式 12   根式方程 / 不等式求解

含根式的方程 / 不等式的求解步骤:

① 确定取值范围.(二次根号下的代数式 $\geqslant 0$,根式具有非负性)

② 平方法去掉根号后转化为整式方程 / 不等式进行求解.

③ 所求根 / 解集与取值范围取交集为最后答案.

例 21 满足方程 $\sqrt{x-1}+x=3$ 的所有根之积是( ).

A. 2   B. 5   C. 10   D. -10 E. 0

重点提炼

• 解分式不等式的基本思路是转化为整式不等式,参照二次或高次不等式的方法进行求解.

【解析】移项得 $\sqrt{x-1}=3-x$,故 $1\leqslant x\leqslant 3$.

两边平方:$x-1=(3-x)^2$,即 $x^2-7x+10=0$,$(x-2)(x-5)=0\Rightarrow x_1=2$,$x_2=5$(舍).

故所有根之积是 2.故选 A.

公式组 5　含绝对值的方程 / 不等式

▎公式 13　含绝对值的方程求解

(1) 讨论法:通过讨论绝对值内部的正负去掉绝对值符号.

(2) 平方法:$|f(x)|=|g(x)|\Leftrightarrow f^2(x)=g^2(x)$.

例22 方程 $|x+1|+|x|=2$ 无根.

(1)$x\in(-\infty,-1)$.

(2)$x\in(-1,0)$.

【解析】条件(1):当 $x<-1$ 时,原方程转化为 $-x-1-x=2$,解得 $x=-\dfrac{3}{2}$,故该条件不充分.条件(2):当 $-1<x<0$ 时,原方程转化为 $x+1-x=2$,无根,故该条件充分.故选 B.

▎公式 14　含绝对值的不等式求解

(1) 讨论法:通过讨论绝对值内部的正负去掉绝对值符号.

(2) 公式法:

$|f(x)|>a\Leftrightarrow f(x)>a$ 或 $f(x)<-a(a>0)$;

$|f(x)|<a\Leftrightarrow -a<f(x)<a(a>0)$.

(3) 平方法:

$|f(x)|>|g(x)|\Leftrightarrow f^2(x)>g^2(x)$;

$|f(x)|<|g(x)|\Leftrightarrow f^2(x)<g^2(x)$.

例23 $x^2-x-5>|2x-1|$.

(1)$x>4$.

(2)$x<-1$.

【解析】当 $x\geqslant\dfrac{1}{2}$ 时,不等式可化为 $x^2-3x-4>0$,解得 $x<-1$ 或 $x>4$,故解集为 $x>4$;当 $x<\dfrac{1}{2}$ 时,不等式可化为

$x^2+x-6>0$, 解得 $x<-3$ 或 $x>2$, 故解集为 $x<-3$. 因此条件(1) 充分, 条件(2) 非题干解集的子集, 不充分. 故选 A.

例 24 不等式 $|x^2+2x+a|\leqslant 1$ 的解集为空集.

(1) $a<0$.

(2) $a>2$.

【解析】条件(1): 反例: 当 $a=-2$ 时, 显然存在 x 满足不等式, 不充分; 条件(2): 当 $a>2$ 时, $x^2+2x+a>x^2+2x+2=(x+1)^2+1\geqslant 1$. 所以, 此时 $|x^2+2x+a|>1$ 恒成立. 故选 B.

例 25 已知 a,b 是实数, 则 $|a|\leqslant 1,|b|\leqslant 1$.

(1) $|a+b|\leqslant 1$.

(2) $|a-b|\leqslant 1$.

【解析】条件(1): 举反例, $a=10,b=-10$, 不充分;

条件(2): 举反例, $a=b=10$, 不充分;

联合条件(1) 和条件(2), 有

$$\begin{cases} a^2+b^2+2ab\leqslant 1, \\ a^2+b^2-2ab\leqslant 1 \end{cases} \Rightarrow a^2+b^2\leqslant 1 \Rightarrow |a|\leqslant 1 \text{ 且 } |b|\leqslant 1,$$

联合充分. 故选 C.

【方法归纳】

公式法适用于不等号另一边为正数的场景; 平方法适用于不等号另一边为含有非负性的代数式的场景.

公式 15　三角不等式

(1) $||a|-|b||\leqslant|a+b|\leqslant|a|+|b|$.

左边等号成立的条件: $ab\leqslant 0$;

右边等号成立的条件: $ab\geqslant 0$.

(2) $||a|-|b||\leqslant|a-b|\leqslant|a|+|b|$.

左边等号成立的条件: $ab\geqslant 0$;

右边等号成立的条件: $ab\leqslant 0$.

例 26 已知 $|x|\leqslant 3$, $|y|\leqslant 2$, 则 $|2x-3y|$ 的最大值是 (　　).

　A. 10　　　　B. 11　　　　C. 12　　　　D. 13　　　　E. 14

【解析】利用三角不等式：$|2x-3y| \leqslant |2x| + |3y| = 2|x| + 3|y| \leqslant 12$，当 $x=3, y=-2$ 或 $x=-3, y=2$ 时等号同时取到，所以最大值为 12. 故选 C.

公式组 6　均值不等式

公式 16　基本应用

当 $x_1, x_2, \cdots, x_n$ 为 n 个正实数时，其算术平均数不小于几何平均数，即 $\dfrac{x_1 + x_2 + \cdots + x_n}{n} \geqslant \sqrt[n]{x_1 x_2 \cdots x_n}$，当且仅当 $x_1 = x_2 = \cdots = x_n$ 时，等号成立.

(1) 对正实数 a, b，有 $\dfrac{a+b}{2} \geqslant \sqrt{ab}$，当且仅当 $a=b$ 时取等.

(2) 对正实数 a, b, c，有 $\dfrac{a+b+c}{3} \geqslant \sqrt[3]{abc}$，当且仅当 $a=b=c$ 时取等.

例 27 设 a, b, c, d 是正实数，则 $\sqrt{a} + \sqrt{d} \leqslant \sqrt{2(b+c)}$.

(1) $a+d = b+c$.

(2) $ad = bc$.

【解析】欲使结论成立，则应有 $a+d+2\sqrt{ad} \leqslant 2(b+c)$. 条件(1)：$a+d=b+c$，原结论转化为 $2\sqrt{ad} \leqslant a+d$，根据均值不等式，可知此时结论成立. 条件(2)：$ad=bc$，令 $a=100, d=\dfrac{1}{100}, b=c=1$，此时结论不成立. 故选 A.

公式 17　构造定值

一正：指的是所有数据均为正数.

二定：和定积最大；积定和最小.

三相等：当且仅当 $x_1 = x_2 = \cdots = x_n$ 时，等号成立.

例 28 设函数 $f(x) = 2x + \dfrac{a}{x^2}(a>0)$ 在 $(0, +\infty)$ 内的最小值为 $f(x_0) = 12$，则 $x_0 = (\quad)$.

A. 5　　　　B. 4　　　　C. 3　　　　D. 2　　　　E. 1

【解析】$f(x) = 2x + \dfrac{a}{x^2} = x + x + \dfrac{a}{x^2} \geqslant 3\sqrt[3]{x \cdot x \cdot \dfrac{a}{x^2}} =$

思路点拨

● 题目一般会出现提示：正数的提示和求最值的提示.

● 按照一正二定三相等的步骤做题.

$3\sqrt[3]{a}$(当 $x = \dfrac{a}{x^2}$ 时取等),所以 $3\sqrt[3]{a} = 12, a = 64, x_0 = \dfrac{64}{x_0^2}$,

即 $x_0^3 = 64, x_0 = 4$. 故选 B.

公式 18　逆向应用

在有正整数限制的条件下,和定,积也可以求出最小值,在最分散时取到;积定,和也可以求出最大值,在最分散时取到.

例 29 $a + b + c + d + e$ 的最大值是 133.

(1) a, b, c, d, e 是大于 1 的自然数,且 $abcde = 2\ 700$.

(2) a, b, c, d, e 是大于 1 的自然数,且 $abcde = 2\ 000$.

【解析】 几个数乘积为定值时,要想和越大,几个数相差越大越好. 条件(1): $2\ 700 = 2 \times 2 \times 3 \times 3 \times 3 \times 5 \times 5$,欲使 $a + b + c + d + e$ 的值最大,需保证分配因子时使其中的一个数尽可能地大,即 $2\ 700 = 2 \times 2 \times 3 \times 3 \times (3 \times 5 \times 5)$,此时 $a + b + c + d + e = 2 + 2 + 3 + 3 + 75 = 85$. 条件(2):同理,$2\ 000 = 2 \times 2 \times 2 \times 2 \times 5 \times 5 \times 5 = 2 \times 2 \times 2 \times 2 \times (5 \times 5 \times 5)$,此时 $a + b + c + d + e = 2 + 2 + 2 + 2 + 125 = 133$. 故选 B.

公式组 7　代数恒成立不等式

公式 19　二次 / 三次的代数恒成立不等式

(1) $2(x^2 + y^2) \geqslant (x + y)^2 \geqslant 4xy$,不等号的取等条件是 $x = y$.

(2) $3(x^2 + y^2 + z^2) \geqslant (x + y + z)^2 \geqslant 3(xy + yz + zx)$,不等号的取等条件是 $x = y = z$.

例 30 设 x, y 为实数,则 $|x + y| \leqslant 2$.

(1) $x^2 + y^2 \leqslant 2$.

(2) $xy \leqslant 1$.

【解析】 $|x + y| \leqslant 2 \Leftrightarrow x^2 + y^2 + 2xy \leqslant 4$. 条件(1):$x^2 + y^2 + 2xy \leqslant 2(x^2 + y^2) \leqslant 4$,充分;条件(2):举反例,$x = 10, y = 0.1$,不充分. 故选 A.

公式导图

```
方程和不等式
├── 二元一次方程组 / 不等式组
│   ├── 二元一次方程组求解
│   └── 二元一次不等式组求解
├── 一元二次方程 / 不等式
│   ├── 一元二次方程根的情况
│   ├── 韦达定理及其应用
│   ├── 一元二次方程根的分布
│   ├── 一元二次不等式求解
│   └── 一元二次不等式的恒成立问题
├── 一元高次方程 / 不等式
│   ├── 一元高次方程求解
│   └── 一元高次不等式求解
├── 分式 / 根式方程和不等式
│   ├── 分式方程求解
│   ├── 分式不等式求解
│   └── 根式方程 / 不等式求解
├── 含绝对值的方程 / 不等式
│   ├── 含绝对值的方程求解
│   ├── 含绝对值的不等式求解
│   └── 三角不等式
├── 均值不等式
│   ├── 基本应用
│   ├── 构造定值
│   └── 逆向应用
└── 代数恒成立不等式 —— 二次 / 三次的代数恒成立不等式
```

公式演练

1. 已知抛物线 $y = x^2 + ax + b$ 与 x 轴相交于 A, B 两点且 $|AB| = 3$, 那么 $a^2 + b^2$ 的最小值是(   ).

   A. -8 B. 3 C. 5 D. 9 E. 11

2. 设一元二次方程 $x^2 + kx + k + 3 = 0$ 的两个实根为 x_1 和 x_2, 那么 $x_1^2 + x_2^2$ 的最小值是(   ).

   A. -7 B. 2 C. 0 D. 4 E. 6

3. 不等式 $\sqrt{2x^2 + 1} - x \leqslant 1$ 的解集是(   ).

   A. $[0, 2)$ B. $[0, 2]$ C. $(1, 2]$

   D. $[1, 2]$ E. $[2, 3]$

4. 已知方程组 $\begin{cases} x + y = 1, \\ ax - by = 5 \end{cases}$ 和方程组 $\begin{cases} x - y = 3, \\ ax + by = 3 \end{cases}$ 有相同的解, 那么 $a + b = ($ $)$.

   A. -2 B. 1 C. -3 D. 3 E. 4

5. 已知一元二次方程 $(m-1)x^2 + 2(m+1)x - m = 0$ 有两个正根, 则 m 的取值范围是(   ).

   A. $(-1, 1)$ B. $(0, 1)$ C. $(-1, 0)$

   D. $[0, 1)$ E. $(-1, 1]$

6. 已知 $|a| \neq |b|$, $m = \dfrac{|a| - |b|}{|a - b|}$, $n = \dfrac{|a| + |b|}{|a + b|}$, 则 m, n 之间的关系是(   ).

   A. $m > n$ B. $m < n$ C. $m = n$

   D. $m \leqslant n$ E. 无法确定

7. 若不等式 $x^2 - mx + 2m - 3 < 0$ 的解集为空集, 则实数 m 的取值范围是(   ).

   A. $(-\infty, -2) \cup (6, +\infty)$ B. $[2, 6]$

   C. $(2, 6)$ D. $[2, 6]$

   E. $(-\infty, -2] \cup [6, +\infty)$

8. 若函数 $f(x) = x + \dfrac{1}{(x-2)^2}$ $(x > 2)$ 在 $x = a$ 处取到最小值, 则 $a = ($ $)$.

   A. $2 + \sqrt[3]{2}$ B. $2 - \sqrt[3]{2}$ C. 5 D. 3 E. 4

9. 方程 $|x-1|+|x-3|=4-2x$ 的非负整数解有(　　)个.

　　A. 0　　　　B. 1　　　　C. 2　　　　D. 3　　　　E. 无数

10. 若实数 a,b 满足 $\dfrac{1}{a}+\dfrac{2}{b}=\sqrt{ab}$,则 ab 的最小值为(　　).

　　A. 2　　　　B. 1　　　　C.$\sqrt{2}$　　　　D. $4\sqrt{2}$　　　　E. $2\sqrt{2}$

11. 已知 $|x^2-4x+a|\geqslant 3$ 恒成立,则 a 的取值范围是(　　).

　　A. $a\geqslant 7$　　　　　　B. $a\geqslant 7$ 或 $a\leqslant 1$

　　C. $a\leqslant -7$　　　　　　D. $a\geqslant 7$ 或 $a\leqslant -7$

　　E. $a\geqslant 1$

12. 不等式 $\dfrac{x+4}{x^2+3x+2}\leqslant 2$ 的解集是(　　).

　　A. $-2<x<-1$ 或 $x\leqslant -\dfrac{5}{2}$

　　B. $-2\leqslant x\leqslant -1$ 或 $x\leqslant -\dfrac{5}{2}$

　　C. $x\geqslant 0$ 或 $-2<x<-1$

　　D. $x\geqslant 0$ 或 $-2<x<-1$ 或 $x\leqslant -\dfrac{5}{2}$

　　E. $x\geqslant 0$ 或 $-2\leqslant x\leqslant -1$ 或 $x\leqslant -\dfrac{5}{2}$

13. 关于 x 的方程 $||x-2|-1|=a\,(0<a<1)$ 的所有解的和为(　　).

　　A. 0　　　B. 2　　　C. 4　　　D. 8　　　E. 10

14. 关于 x 的方程 $\dfrac{3-2x}{x-3}+\dfrac{2+mx}{3-x}=-1$ 无解,则所有满足条件的实数 m 之和为(　　).

　　A. -4　　B. $-\dfrac{5}{3}$　　C. -2　　D. $-\dfrac{8}{3}$　　E. -1

15. 已知 $-2x^2+5x+c\geqslant 0$ 的解为 $-\dfrac{1}{2}\leqslant x\leqslant 3$,则 c 为(　　).

　　A. $\dfrac{1}{3}$　　B. 3　　　C. $-\dfrac{1}{3}$　　D. -3　　E. 0

16. $x\leqslant 2$ 或 $y\leqslant 1$.

　　(1) $x+y\leqslant 2$.

　　(2) $2x-y\geqslant 4$.

17. 方程 $4x^2 + (a-2)x + a - 5 = 0$ 有两个不等的负实根.

    (1) $a < 6$.

    (2) $a > 5$.

18. $(x-1)(2x^2 + 3x + 7)(x^2 - 7x + 12) > 0$.

    (1) $x < 4$.

    (2) $x > 3$.

19. $x^2 + y^2 \geqslant \dfrac{1}{2}$.

    (1) $|x + y| \geqslant 1$.

    (2) $xy \geqslant \dfrac{1}{4}$.

20. 设 a, b, c 均为正数,则 $ab + bc + ac \leqslant \dfrac{1}{3}$.

    (1) $a + b + c = 1$.

    (2) $abc = 1$.

参考答案与解析

答案速查:1~5　CBBDB　6~10　DDACE　11~15　ADDDB　16~20　ACEDA

1. C 【解析】本题运用公式 4. 设 $x^2 + ax + b = 0$ 的两根分别为 x_1, x_2,则 $|AB| = |x_1 - x_2| = 3$.

   根据韦达定理:$x_1 + x_2 = -a, x_1 x_2 = b$,所以 $|AB|^2 = (x_1 + x_2)^2 - 4x_1 x_2 = a^2 - 4b = 9$,即 $a^2 = 9 + 4b$,所以 $a^2 + b^2 = 9 + 4b + b^2 = (b+2)^2 + 5$,最小值为 5. 故选 C.

2. B 【解析】本题运用公式 3 和公式 4. 因为一元二次方程有两个实根,所以 $\Delta = k^2 - 4(k+3) \geqslant 0$,即 $k \leqslant -2$ 或 $k \geqslant 6$. 根据韦达定理:$x_1 + x_2 = -k, x_1 x_2 = k + 3$,则 $x_1^2 + x_2^2 = (x_1 + x_2)^2 - 2x_1 x_2 = k^2 - 2(k+3) = (k-1)^2 - 7$. 当 $k = -2$ 时,$x_1^2 + x_2^2$ 取得最小值为 2. 故选 B.

3. B 【解析】本题运用公式 12. 由 $\sqrt{2x^2 + 1} - x \leqslant 1$,得 $\sqrt{2x^2 + 1} \leqslant 1 + x$,故有 $\begin{cases} x + 1 \geqslant 0, \\ 2x^2 + 1 \leqslant (x+1)^2, \end{cases}$ 解得 $\begin{cases} x \geqslant -1, \\ 0 \leqslant x \leqslant 2, \end{cases}$ 即 $0 \leqslant x \leqslant 2$. 故选 B.

4. D 【解析】本题运用公式 1. 因为两方程组有同解,故联立 $\begin{cases} x+y=1, \\ x-y=3, \end{cases}$ 可得

$\begin{cases} x=2, \\ y=-1, \end{cases}$ 将其代入 $\begin{cases} ax-by=5, \\ ax+by=3, \end{cases}$ 可解得 $\begin{cases} a=2, \\ b=1. \end{cases}$ 故选 D.

5. B 【解析】本题运用公式 5. $\begin{cases} m-1 \neq 0, \\ \Delta \geqslant 0, \\ \dfrac{2(m+1)}{-2(m-1)} > 0, \\ (m-1) \cdot (-m) > 0, \end{cases}$ 解得 $0 < m < 1$. 故选 B.

6. D 【解析】本题运用公式 15. 根据 $|a+b| \leqslant |a|+|b|$,得 $n = \dfrac{|a|+|b|}{|a+b|} \geqslant 1$,

又由 $|a-b| \geqslant |a|-|b|$,得 $m = \dfrac{|a|-|b|}{|a-b|} \leqslant 1$,所以 $n \geqslant m$. 故选 D.

7. D 【解析】本题运用公式 7. $x^2 - mx + 2m - 3 < 0$ 的解集为空集,即

$$x^2 - mx + 2m - 3 \geqslant 0$$

恒成立,即 $\Delta \leqslant 0$,则有 $(-m)^2 - 4 \times 1 \times (2m-3) \leqslant 0$,解得 $2 \leqslant m \leqslant 6$. 故选 D.

8. A 【解析】本题运用公式 17. 通过配凑可以利用均值不等式. 将函数变形为

$$f(x) = \frac{x-2}{2} + \frac{x-2}{2} + \frac{1}{(x-2)^2} + 2,$$

可知在 $\dfrac{x-2}{2} = \dfrac{x-2}{2} = \dfrac{1}{(x-2)^2}$ 时取得最小值,此时 $x = 2 + \sqrt[3]{2}$. 故选 A.

9. C 【解析】本题运用公式 13. 当 $x \geqslant 3$ 时,原方程可化为 $(x-1)+(x-3) = 2x-4 = 4-2x$,解得 $x = 2 < 3$,舍掉;当 $1 < x < 3$ 时,原方程可化为 $(x-1)+(3-x) = 2 = 4-2x$,解得 $x = 1$,舍掉;当 $x \leqslant 1$ 时,原方程可化为 $(1-x)+(3-x) = 4-2x$,即 $x \leqslant 1$ 时方程恒成立,故非负整数解为 0 或 1,只有 2 个. 故选 C.

10. E 【解析】本题运用公式 16. 由已知等式可判断 a,b 同正.

根据均值不等式可得 $\dfrac{1}{a} + \dfrac{2}{b} = \sqrt{ab} \geqslant 2\sqrt{\dfrac{2}{ab}} \Rightarrow ab \geqslant 2\sqrt{2}$,当且仅当 $\dfrac{1}{a} = \dfrac{2}{b}$ 时等号成立. 故选 E.

11. A 【解析】本题运用公式 7 和公式 14. $|x^2 - 4x + a| \geqslant 3$ 恒成立,即 $x^2 - 4x + a \geqslant 3$ 或 $x^2 - 4x + a \leqslant -3$ 恒成立,即 $x^2 - 4x + a - 3 \geqslant 0$ 或 $x^2 - 4x + a + 3 \leqslant 0$ 恒成立,因为开口向上,不可能恒小于零,故只有 $x^2 - 4x + a - 3 \geqslant 0$ 恒成立,即

$$\Delta = (-4)^2 - 4 \times (a-3) \leqslant 0 \Rightarrow a \geqslant 7.$$

故选 A.

12. D 【解析】本题运用公式11.因为 $x^2+3x+2\neq0$,所以 $x\neq-1,x\neq-2$.

$$\frac{x+4}{x^2+3x+2}\leqslant2\Rightarrow\frac{x+4-2x^2-6x-4}{x^2+3x+2}\leqslant0\Rightarrow\frac{x(2x+5)}{(x+1)(x+2)}\geqslant0,$$

故 $x(2x+5)(x+1)(x+2)\geqslant0$,即 $x\geqslant0$ 或 $-2<x<-1$ 或 $x\leqslant-\dfrac{5}{2}$.故选 D.

13. D 【解析】本题运用公式13.由 $||x-2|-1|=a$ 可得 $|x-2|-1=\pm a$,解得 $x=2\pm(1\pm a)$,即 $x_1=a+3,x_2=1-a,x_3=3-a,x_4=a+1$,所以,$x_1+x_2+x_3+x_4=8$.故选 D.

14. D 【解析】本题运用公式10.将方程通分可得

$$3-2x-mx-2+x-3=0\Rightarrow(m+1)x=-2.$$

若 $m+1=0$,则原方程无解,此时 $m=-1$.

若 $m+1\neq0$,则 $x=\dfrac{-2}{m+1}$.若分式方程无解,则有 $\dfrac{-2}{m+1}=3\Rightarrow m=-\dfrac{5}{3}$.

所以 $m=-1$ 或 $-\dfrac{5}{3}$,故满足条件的所有 m 之和为 $-1+\left(-\dfrac{5}{3}\right)=-\dfrac{8}{3}$,故选 D.

15. B 【解析】本题运用公式6. $-2x^2+5x+c\geqslant0$ 的解为 $-\dfrac{1}{2}\leqslant x\leqslant3$,说明 $-2x^2+5x+c=0$ 的两根为 $-\dfrac{1}{2}$ 和 3.根据韦达定理有 $-\dfrac{1}{2}\times3=\dfrac{c}{-2}$,所以 $c=3$.故选 B.

16. A 【解析】本题运用公式2.条件(1):采用反证法,若 $x>2$ 且 $y>1$,则 $x+y>3$,与条件(1)矛盾,因此由条件(1)可以推出结论,充分;条件(2):举反例,当 $x=3$,$y=2$ 时,满足条件(2),但显然不能推出结论,不充分.故选 A.

17. C 【解析】本题运用公式5.一元二次方程有两个不等的负实根,需要满足条件:

$$\Delta>0,x_1+x_2<0,x_1x_2>0,即\begin{cases}(a-2)^2-16(a-5)>0,\\ -\dfrac{a-2}{4}<0,\\ \dfrac{a-5}{4}>0,\end{cases}\quad 解得5<a<6或a>$$

14,所以两条件单独均不可推出结论,联合两个条件可以推出结论.故选 C.

18. E 【解析】本题运用公式9.由于 $2x^2+3x+7$ 的判别式 $\Delta<0$,故 $2x^2+3x+7$ 恒大于零,所以不等式转化为求 $(x-1)(x^2-7x+12)>0$ 的解集,即 $(x-1)(x-3)\cdot(x-4)>0$,解得 $1<x<3$ 或 $x>4$,则条件(1),条件(2)单独都不充分,联合也不充分.故选 E.

19. D 【解析】本题运用公式 19.条件(1):因为 $x^2 + y^2 \geqslant 2xy$,所以 $2(x^2+y^2) \geqslant (x+y)^2 \geqslant 1$,即 $x^2 + y^2 \geqslant \dfrac{1}{2}$,条件(1)充分;条件(2):$x^2 + y^2 \geqslant 2xy \geqslant \dfrac{1}{2}$,充分. 故选 D.

20. A 【解析】本题运用公式 19.条件(1):
$$1 = (a+b+c)^2 = a^2 + b^2 + c^2 + 2ab + 2bc + 2ac,$$
左右两边同乘 2 得,$2 = 2a^2 + 2b^2 + 2c^2 + 4ab + 4bc + 4ac$.因为
$$2a^2 + 2b^2 + 2c^2 = a^2 + b^2 + b^2 + c^2 + c^2 + a^2 \geqslant 2ab + 2bc + 2ac,$$
所以 $2 \geqslant 6ab + 6bc + 6ac$,即 $ab + bc + ac \leqslant \dfrac{1}{3}$,充分;

条件(2):若 a,b,c 的值均为 1,则不满足结论,不充分. 故选 A.

第五章

数 列

 **考情分析**

本章属于考试大纲中的代数部分. 从大纲内容上分析, 本章需要重点掌握数列相关的一系列考点, 如: 等差数列、等比数列.

从试题分布上分析, 单独考查本章考点的题目有 2 道题左右, 本章的相关考点也可以和前面章节的考点综合起来出题, 如: 与整式运算或不等式结合考查.

在熟练掌握前面章节内容的基础上, 本章整体难度不大, 学习建议用时为 3 ～ 4 小时.

 **基本概念** ▾

1.数列的相关概念.

按一定次序排列的一列数叫作数列,数列中的每一个数叫作这个数列的项.数列中的每一项和它的序号有关,排在第一位的数称为这个数列的第1项(通常也叫作首项),排在第二位的数称为这个数列的第2项,……,排在第 n 位的数称为这个数列的第 n 项.

2.数列的一般形式: $a_1, a_2, \cdots, a_n, \cdots$,简记为 $\{a_n\}$.

3.数列的前 n 项和: $S_n = a_1 + a_2 + a_3 + \cdots + a_n = \sum\limits_{i=1}^{n} a_i$.

4.数列的分类.

分类标准	名称	含义	举例
按项的个数	有穷数列	项数有限的数列	$1,2,3,\cdots,100$
	无穷数列	项数无限的数列	$1,2,3,\cdots$
按项的变化趋势	递增数列	从第2项起,每一项都大于它前一项的数列	$1,2,3,\cdots$
	递减数列	从第2项起,每一项都小于它前一项的数列	$100,99,98,97,\cdots$
	常数列	各项相等的数列	$9,9,9,\cdots$
	摆动数列	从第2项起,有些项大于它的前一项,有些项小于它的前一项的数列	$1,-2,3,-4,\cdots$

5.数列的通项公式:项和项数之间的关系.

如果数列 $\{a_n\}$ 的第 n 项与序号 n 之间的关系可以用一个式子来表示,那么这个公式叫作这个数列的通项公式.

6.数列的递推公式:项和项之间的关系.

如果已知数列 $\{a_n\}$ 的第一项(或前几项),且任意一项与它的前一项(或前几项)间的关系可以用一个公式来表示,那么这个公式就叫作这个数列的递推公式.

7.等差数列:如果一个数列从第2项起,每一项与它的前一项的差等于同一个常数,那么这个数列叫作等差数列,这个常数叫作等差数列的公差,公差通常用字母 d 表示,即:

$$a_{n+1} - a_n = d(n \in \mathbf{N}^*).$$

8.等比数列:如果一个数列从第2项起,每一项与它的前一项的比值等于同一个常数,那么这个数列叫作等比数列,这个常数叫作等比数列的公比,公比通常用字母 $q(q \neq 0)$ 表示,即

$$\frac{a_{n+1}}{a_n} = q(n \in \mathbf{N}^*).$$

🖊 公式精讲 ▾

公式组 1　等差数列

▌公式 1　等差数列的通项公式

通项公式:$a_n = a_1 + (n-1)d = dn + (a_1 - d)$.

例1 在等差数列 $\{a_n\}$ 中,$a_2 = 2$,$a_3 = 4$,则 $a_{10} = ($　　$)$.

A. 12　　　B. 14　　　C. 16　　　D. 18　　　E. 20

【解析】$d = a_3 - a_2 = 4 - 2 = 2$,$a_{10} = a_2 + 8d = 2 + 16 = 18$.故选 D.

例2 一等差数列中,$a_1 = 2$,$a_4 + a_5 = -3$,该等差数列的公差是(　　).

A. -2　　　B. -1　　　C. 1　　　D. 2　　　E. 3

【解析】设该数列的公差等于 d,则 $a_4 + a_5 = a_1 + 3d + a_1 + 4d = 2a_1 + 7d = -3$,因 $a_1 = 2$,则 $d = -1$.故选 B.

▌公式 2　等差数列的求和公式

(1) $S_n = \dfrac{(a_1 + a_n)n}{2}$.

(2) $S_n = na_1 + \dfrac{n(n-1)}{2}d = \dfrac{d}{2}n^2 + \left(a_1 - \dfrac{d}{2}\right)n = An^2 + Bn$,其中 $A = \dfrac{d}{2}$,$B = a_1 - \dfrac{d}{2}$.

(3) $S_n = na_{\frac{n+1}{2}}$,如:$S_9 = 9a_5$.

(4) 若数列 $\{a_n\}$ 和 $\{b_n\}$ 均为等差数列,其前 n 项和分别为 S_n,T_n,则有 $\dfrac{S_{2n-1}}{T_{2n-1}} = \dfrac{a_n}{b_n}$.

例3 若等差数列的前 5 项和 $S_5 = 15$,前 15 项和 $S_{15} = 120$,则前 10 项和 S_{10} 为(　　).

A. 40　　　B. 45　　　C. 50　　　D. 55　　　E. 60

【解析】方法一:$S_5 = 5a_1 + \dfrac{5 \times 4}{2}d = 15$,$S_{15} = 15a_1 + $

$\dfrac{15 \times 14}{2} d = 120$，解得 $a_1 = 1, d = 1$. 所以 $S_{10} = 10 a_1 + \dfrac{10 \times 9}{2} d = 55$. 故选 D.

方法二：$S_5 = 5 a_3 = 15 \Rightarrow a_3 = 3, S_{15} = 15 a_8 = 120 \Rightarrow a_8 = 8$，所以公差 $d = (8-3) \div (8-3) = 1$，则 $a_{5.5} = a_3 + 2.5 d = 3 + 2.5 \times 1 = 5.5, S_{10} = 10 \times 5.5 = 55$. 故选 D.

例4 数列 $\{a_n\}$ 的前 k 项和 $a_1 + a_2 + \cdots + a_k$ 与随后 k 项和 $a_{k+1} + a_{k+2} + \cdots + a_{2k}$ 之比与 k 无关.

(1) $a_n = 2n - 1 (n = 1, 2, \cdots)$.

(2) $a_n = 2n (n = 1, 2, \cdots)$.

【解析】 条件(1)：$\{a_n\}$ 是等差数列，所以前 k 项和为 $\dfrac{(a_1 + a_k) \cdot k}{2}$，随后 k 项和为 $\dfrac{(a_{k+1} + a_{2k}) \cdot k}{2}$，所以二者之比为

$$\dfrac{a_1 + a_k}{a_{k+1} + a_{2k}} = \dfrac{1 + 2k - 1}{2(k+1) - 1 + 4k - 1} = \dfrac{1}{3},$$

所以由条件(1)可推出结论.

条件(2)：同理，二者之比为 $\dfrac{a_1 + a_k}{a_{k+1} + a_{2k}} = \dfrac{2 + 2k}{2(k+1) + 4k} = \dfrac{k+1}{3k+1}$，与 k 有关，所以由条件(2)不能推出结论. 故选 A.

例5 设数列 $\{a_n\}$ 的前 n 项和为 S_n，则数列 $\{a_n\}$ 是等差数列.

(1) $S_n = n^2 + 2n, n = 1, 2, 3, \cdots$.

(2) $S_n = n^2 + 2n + 1, n = 1, 2, 3, \cdots$.

【解析】 等差数列的前 n 项和是没有常数的关于 n 的一次或二次函数的形式，所以条件(1)充分，条件(2)不充分. 故选 A.

公式3 等差数列的性质

(1) $a_n = a_m + (n-m) d, d = \dfrac{a_n - a_m}{n - m}$.

(2) 若 $m, n, l, k \in \mathbf{N}^*$，且 $m + n = l + k$，则 $a_m + a_n = a_l + a_k$.

(3) a, b, c 成等差数列 $\Rightarrow b$ 是 a 和 c 的等差中项 $\Rightarrow 2b = a + c$.

(4) 若 S_n 为等差数列的前 n 项和，则 $S_n, S_{2n} - S_n, S_{3n} - S_{2n}, \cdots$ 仍为等差数列，其公差为 $n^2 d$.

例6 等差数列 $\{a_n\}$ 中，$a_1 + a_5 = 10, a_4 = 7$，则数列 $\{a_n\}$ 的公差为（　　）.

A. 1　　　　B. 2　　　　C. 3　　　　D. 4　　　　E. 5

【解析】 因为 $a_1 + a_5 = 10$，所以 $2 a_3 = 10$，则 $a_3 = 5, d = a_4 -$

$a_3 = 2$. 故选 B.

公式组 2 等比数列

▌公式 4 等比数列的通项公式

通项公式：$a_n = a_1 q^{n-1}$.

例 7 设等比数列 $\{a_n\}$ 的公比为正数，且 $a_3 a_9 = 2a_5^2$，$a_2 = 1$，则 $a_1 = ($).

A. $\dfrac{1}{2}$　　　B. $\dfrac{\sqrt{2}}{2}$　　　C. $\sqrt{2}$　　　D. 2　　　E. 4

【解析】设公比为 q，由已知得 $a_1 q^2 \cdot a_1 q^8 = 2(a_1 q^4)^2$，所以 $q^2 = 2$，又因为等比数列 $\{a_n\}$ 的公比为正数，所以 $q = \sqrt{2}$，$a_1 = \dfrac{a_2}{q} = \dfrac{\sqrt{2}}{2}$. 故选 B.

▌公式 5 等比数列的求和公式

（1）前 n 项和公式：

$$S_n = \begin{cases} na_1 \ (q=1), \\ \dfrac{a_1(1-q^n)}{1-q} = \dfrac{a_1}{1-q} - \dfrac{a_1}{1-q} \cdot q^n \ (q \neq 0, \text{且} q \neq 1). \end{cases}$$

（2）无穷递缩等比数列求和.

对于无穷递缩等比数列（$|q| < 1, q \neq 0$），当 $n \to \infty$ 时，$q^n \to 0$，所有项和为 $S = \dfrac{a_1}{1-q}$.

（3）当 $q \neq 0$ 且 $q \neq 1$ 时，$\dfrac{S_m}{S_n} = \dfrac{1-q^m}{1-q^n}$.

例 8 某人在保险柜中存放了 M 元现金，第一天取出它的 $\dfrac{2}{3}$，以后每天取出前一天所取的 $\dfrac{1}{3}$，共取了 7 次，保险柜中剩余的现金为（ ）元.

A. $\dfrac{M}{3^7}$　　　　　　B. $\dfrac{M}{3^6}$　　　　　　C. $\dfrac{2M}{3^6}$

D. $\left[1 - \left(\dfrac{2}{3}\right)^7\right]M$　　　E. $\left[1 - 7\left(\dfrac{2}{3}\right)^7\right]M$

【解析】第一天取出 $\dfrac{2}{3}M$，第二天取出 $\dfrac{2}{3}M \times \dfrac{1}{3}$，第三天取

▣重点提炼

• 当 $q \neq 1$ 时，等比数列前 n 项和可以写成 $S_n = A \cdot q^n + B(A+B=0)$.

出 $\frac{2}{3}M \times \frac{1}{3} \times \frac{1}{3}$，以此类推，故 7 次共取出 $M\left[\frac{2}{3} + \frac{2}{3} \times \frac{1}{3} + \frac{2}{3} \times \left(\frac{1}{3}\right)^2 + \cdots + \frac{2}{3} \times \left(\frac{1}{3}\right)^6\right] = \left[1 - \left(\frac{1}{3}\right)^7\right]M$，故剩余 $M - M + \left(\frac{1}{3}\right)^7 M = \left(\frac{1}{3}\right)^7 M$（元）. 故选 A.

例9 设$\{a_n\}$是非负等比数列. 若$a_3 = 1$，$a_5 = \frac{1}{4}$，则$\sum_{n=1}^{8} \frac{1}{a_n} =$

( ).

A. 255   B. $\frac{255}{4}$ C. $\frac{255}{8}$ D. $\frac{255}{16}$ E. $\frac{255}{32}$

【解析】$q^2 = \frac{a_5}{a_3} = \frac{1}{4}$，又因为数列为非负等比数列，所以

$q = \frac{1}{2}$，$a_1 = \frac{a_3}{q^2} = 4$，故$\left\{\frac{1}{a_n}\right\}$是公比为 2 的等比数列，且首项为

$\frac{1}{a_1} = \frac{1}{4}$，所以其前 8 项和 $S_8 = \frac{\frac{1}{4} \cdot (1 - 2^8)}{1 - 2} = \frac{255}{4}$. 故选 B.

例10 一个球从 100 米高处自由落下，每次着地后又跳回前一次高度的一半再落下. 当它第 10 次着地时，共经过的路程是( )米.（精确到 1 米且不计任何阻力）

A. 300   B. 250   C. 200   D. 150   E. 100

【解析】第一次着地后弹起 50 米，再落下 50 米. 第二次落地后弹起 25 米，再落下 25 米 …… 所以总路程为 $100 + 2 \times 50 + 2 \times 25 + \cdots + 2 \times (50 \times 2^{-8}) = 100 + 2 \times \dfrac{50 \times \left(1 - \dfrac{1}{2^9}\right)}{1 - \dfrac{1}{2}} \approx$

300（米）. 故选 A.

例11 一个等比数列的前 n 项和$S_n = ab^n + c$，其中$a \neq 0$，$b \neq 0$ 且 $b \neq 1$，a, b, c 为常数，则 a, b, c 必须满足( ).

A. $a + b = 0$ B. $c + b = 0$ C. $a + c = 0$

D. $a + b + c = 0$ E. $b - c = 0$

【解析】当$q \neq 1$时，等比数列前 n 项和为

$$S_n = \frac{a_1(1 - q^n)}{1 - q} = \frac{a_1}{1 - q} - \frac{a_1 q^n}{1 - q} = ab^n + c,$$

有 $a = -\dfrac{a_1}{1 - q}$，$b = q$，$c = \dfrac{a_1}{1 - q}$，从而 $a + c = 0$. 故选 C.

公式 6　等比数列的性质

(1) $a_n = a_m q^{n-m}$.

(2) 若 $m, n, l, k \in \mathbf{N}^*, m+n = l+k$, 则 $a_m \cdot a_n = a_l \cdot a_k$.

(3) a, b, c 成等比数列 $\Rightarrow b$ 是 a 和 c 的等比中项 $\Rightarrow b^2 = ac$.

(4) 若 S_n 为等比数列的前 n 项和, 则 $S_n, S_{2n} - S_n, S_{3n} - S_{2n}, \cdots$ 仍为等比数列, 其公比为 q^n.

例 12　若等比数列 $\{a_n\}$ 满足 $a_2 a_4 + 2 a_3 a_5 + a_2 a_8 = 25$, 且 $a_1 > 0$, 则 $a_3 + a_5 = ($　　$)$.

A. 8　　　　B. 5　　　　C. 2　　　　D. -2　　　　E. -5

【解析】因为 $a_2 a_4 + 2 a_3 a_5 + a_2 a_8 = a_3^2 + 2 a_3 a_5 + a_5^2 = (a_3 + a_5)^2 = 25$, 所以 $a_3 + a_5 = \pm 5$. 又因为 $a_1 > 0$, 所以 $a_3 = a_1 \cdot q^2 > 0$, 同理 $a_5 > 0$, 所以 $a_3 + a_5 = 5$. 故选 B.

例 13　若 $2, 2^x - 1, 2^x + 3$ 成等比数列, 则 $x = ($　　$)$.

A. $\log_2 5$　　B. $\log_2 6$　　C. $\log_2 7$　　D. $\log_2 8$　　E. $\log_2 9$

【解析】因为 $2, 2^x - 1, 2^x + 3$ 成等比数列, 所以 $(2^x - 1)^2 = 2(2^x + 3)$. 令 $2^x = m (m > 0)$, 则原方程转化为 $(m - 1)^2 = 2(m + 3)$, 解得 $m = 5$ (负根舍去), 所以 $x = \log_2 5$. 故选 A.

例 14　等比数列 $\{a_n\}$ 中, a_3, a_8 是方程 $3x^2 + 2x - 18 = 0$ 的两个根, 则 $a_4 a_7 = ($　　$)$.

A. -9　　B. -8　　C. -6　　D. 6　　　E. 8

【解析】根据韦达定理, 知 $a_3 a_8 = -6$, 根据等比数列的性质, 得 $a_4 a_7 = a_3 a_8 = -6$. 故选 C.

公式组 3　S_n 与 a_n 之间的关系

公式 7　S_n 与 a_n 之间的代换公式

$$a_n = \begin{cases} a_1 = S_1 & (n = 1), \\ S_n - S_{n-1} & (n \geqslant 2). \end{cases}$$

例 15　若数列 $\{a_n\}$ 的前 n 项和为 $S_n = \dfrac{2}{3} a_n + \dfrac{1}{3}$, 则 $\{a_n\}$ 的通项公式是 $($　　$)$.

A. $a_n = (-2)^{n-1}$　　　　　　B. $a_n = (-2)^n$

C. $a_n = 2^{n-1}$　　　　　　　D. $a_n = 2^n$

📖 **重点提炼**

• 注意需要单独讨论 $n = 1$ 的情况.

E. $a_n = \begin{cases} 1, & n = 1, \\ (-2)^n, & n \geqslant 2 \end{cases}$

【解析】 当 $n = 1$ 时,$a_1 = S_1 = \dfrac{2}{3} a_1 + \dfrac{1}{3}$,解得 $a_1 = 1$,当 $n \geqslant 2$ 时,$a_n = S_n - S_{n-1} = \dfrac{2}{3} a_n - \dfrac{2}{3} a_{n-1}$,即 $a_n = -2 a_{n-1}$,所以 $\{a_n\}$ 是首项为 1,公比为 -2 的等比数列,所以 $a_n = (-2)^{n-1}$. 故选 A.

例 16 如果数列 $\{a_n\}$ 的前 n 项和为 $S_n = \dfrac{3}{2} a_n - 3$,那么这个数列的通项公式是( ).

A. $a_n = 2(n^2 + n + 1)$ B. $a_n = 3 \times 2^n$

C. $a_n = 3n + 1$ D. $a_n = 2 \times 3^n$

E. 以上都不正确

【解析】 当 $n = 1$ 时,$a_1 = S_1 = \dfrac{3}{2} a_1 - 3 \Rightarrow a_1 = 6$,当 $n \geqslant 2$ 时,$a_n = S_n - S_{n-1} = \dfrac{3}{2} a_n - \dfrac{3}{2} a_{n-1} \Rightarrow a_n = 3 a_{n-1}$,所以 $\{a_n\}$ 是一个首项为 6,公比为 3 的等比数列,其通项公式为 $a_n = 6 \times 3^{n-1} = 2 \times 3^n$. 故选 D.

公式组 4　数列的递推公式

公式 8　累加法

形如:$a_{n+1} - a_n = f(n)$ 形式的数列可利用累加法求通项公式. 由

$a_n = (a_n - a_{n-1}) + (a_{n-1} - a_{n-2}) + (a_{n-2} - a_{n-3}) + \cdots + (a_2 - a_1) + a_1$

$= f(n-1) + f(n-2) + f(n-3) + \cdots + f(1) + a_1$,

只要 $f(n)$ 是个可以进行加和化简的函数,就可以通过这样的方法求出通项公式.

例 17 在数列 $\{a_n\}$ 中,$a_1 = 2$,$a_{n+1} = a_n + \ln\left(1 + \dfrac{1}{n}\right)$,则 $a_n = $

( ).

A. $2 + \ln n$ B. $2 + (n-1)\ln n$

C. $2 + n\ln n$ D. $1 + n + \ln n$

E. $2 + n + \ln n$

【解析】$a_n = (a_n - a_{n-1}) + (a_{n-1} - a_{n-2}) + (a_{n-2} - a_{n-3}) + \cdots +$

💡思路点拨

• 问题求的是 a_n,就把条件中的 S_n 转换成 a_n;问题求的是 S_n,就把条件中的 a_n 转换成 S_n.

$(a_2-a_1)+a_1=f(n-1)+f(n-2)+f(n-3)+\cdots+f(1)+a_1$，

其中 $f(n)=\ln\left(1+\dfrac{1}{n}\right)$，$f(n-1)+f(n-2)+f(n-3)+\cdots+$

$f(1)=\ln\dfrac{n}{n-1}+\ln\dfrac{n-1}{n-2}+\cdots+\ln\dfrac{2}{1}=\ln n$，所以 $a_n=2+\ln n$．

故选 A.

公式 9　累乘法

形如：$a_{n+1}\div a_n=f(n)$ 形式的数列可利用累乘法求通项公式．由

$a_n=(a_n\div a_{n-1})\times(a_{n-1}\div a_{n-2})\times(a_{n-2}\div a_{n-3})\times\cdots\times(a_2\div a_1)\times a_1$

$\quad=f(n-1)\times f(n-2)\times f(n-3)\times\cdots\times f(1)\times a_1$，

只要 $f(n)$ 是个可以进行相乘化简的函数，就可以通过这样的方法求出通项公式．

例 18　若数列 $\{a_n\}$ 满足 $a_1=2$，$a_{n+1}=\dfrac{n+1}{n}a_n$，则 $a_n=$

（　　）．

A. $3n+1$　　B. $3n$　　　C. $2n$　　　D. $2n+1$　　E. $n+2$

【解析】令 $f(n)=\dfrac{n+1}{n}$，则

$a_n=(a_n\div a_{n-1})\times(a_{n-1}\div a_{n-2})\times(a_{n-2}\div a_{n-3})\times\cdots\times$

$\qquad(a_2\div a_1)\times a_1$

$\quad=f(n-1)\times f(n-2)\times f(n-3)\times\cdots\times f(1)\times a_1$

$\quad=\dfrac{n}{n-1}\times\dfrac{n-1}{n-2}\times\dfrac{n-2}{n-3}\times\cdots\times\dfrac{3}{2}\times\dfrac{2}{1}\times a_1=2n$．

故选 C.

公式 10　构造等比数列

当题目中出现 $a_{n+1}=pa_n+q(p\neq1)$ 条件时，可以构造等比数列来进行求解．构造过程如下：由 $a_{n+1}+\dfrac{q}{p-1}=pa_n+q+$

$\dfrac{q}{p-1}$，得 $a_{n+1}+\dfrac{q}{p-1}=p\left(a_n+\dfrac{q}{p-1}\right)$，就可得到 $\left\{a_n+\dfrac{q}{p-1}\right\}$ 这样一个以 p 为公比的等比数列．

例 19　设数列 $\{a_n\}$ 满足 $a_1=0$，$a_{n+1}-2a_n=1$，则 $a_{100}=$

（　　）．

A. $2^{99}-1$　　　　　　　　B. 2^{99}　　　　　　　　C. $2^{99}+1$

思路点拨

- 若 $a_{n+1}-a_n=f(n)$，则选择使用累加法．

- 若 $a_{n+1}\div a_n=f(n)$，则选择使用累乘法．

思路点拨

- 记住核心步骤是等号左右两边加上 $\dfrac{q}{p-1}$．

D. $2^{100} - 1$ 　　　　　　E. $2^{100} + 1$

【解析】$a_{n+1} = 2a_n + 1 \Rightarrow a_{n+1} + 1 = 2(a_n + 1) \Rightarrow \{a_n + 1\}$ 是公比为 2 的等比数列,所以 $a_{100} + 1 = (a_1 + 1) \cdot 2^{99} \Rightarrow a_{100} = 2^{99} - 1.$ 故选 A.

▌公式 11　找规律

条件出现分式结构或三项及以上的递推公式,基本可以确定考查的是循环规律.

例 20 已知数列 $\{a_n\}$ 满足 $a_{n+1} = \dfrac{a_n + 2}{a_n + 1}(n = 1, 2, \cdots)$,则 $a_2 = a_3 = a_4.$

(1) $a_1 = \sqrt{2}.$

(2) $a_1 = -\sqrt{2}.$

【解析】条件(1):$a_1 = \sqrt{2}$,$a_2 = \dfrac{a_1 + 2}{a_1 + 1} = \dfrac{\sqrt{2} + 2}{\sqrt{2} + 1} = \sqrt{2}$,所以 $a_2 = a_3 = a_4 = \sqrt{2}$,充分.

条件(2):$a_1 = -\sqrt{2}$,$a_2 = \dfrac{a_1 + 2}{a_1 + 1} = \dfrac{-\sqrt{2} + 2}{-\sqrt{2} + 1} = -\sqrt{2}$,所以 $a_2 = a_3 = a_4 = -\sqrt{2}$,充分.

故选 D.

✏ 公式导图 ▾

$$
数列
\begin{cases}
等差数列
\begin{cases}
等差数列的通项公式 \\
等差数列的求和公式 \\
等差数列的性质
\end{cases} \\
\\
等比数列
\begin{cases}
等比数列的通项公式 \\
等比数列的求和公式 \\
等比数列的性质
\end{cases} \\
\\
S_n\ 与\ a_n\ 之间的关系 — S_n\ 与\ a_n\ 之间的代换公式 \\
\\
数列的递推公式
\begin{cases}
累加法 \\
累乘法 \\
构造等比数列 \\
找规律
\end{cases}
\end{cases}
$$

公式演练 ▾

1. 等比数列 $\{a_n\}$ 中，$a_1 = 3$，$a_4 = 24$，则 $a_2 + a_4 + a_6$ 的值是（   ）.

    A. 124   B. 125   C. 126   D. 127   E. 128

2. 设等差数列 $\{a_n\}$ 的前 n 项和为 S_n，已知 $S_5 = 20$，$S_{15} = 100$，那么 $S_{10} = $（   ）.

    A. $\dfrac{160}{3}$ B. 50   C. 60   D. 80   E. 45

3. 已知 $\{a_n\}$ 为等比数列，$a_4 + a_7 = 2$，$a_5 \cdot a_6 = -8$，则 $a_1 + a_{10} = $（   ）.

    A. 7   B. 5   C. -5 D. -7 E. -9

4. 已知数列 $\{a_n\}$ 是一个等差数列，其公差为 -2，且 a_7 是 a_3 和 a_9 的等比中项，那么该数列前 10 项的和为（   ）.

    A. 100   B. 110   C. 120   D. 90   E. 130

5. 数列 $\{n \cdot 2^n\}$ 的前 n 项和等于（   ）.

    A. $n \cdot 2^n - 2^n + 2$ B. $n \cdot 2^{n+1} - 2^{n+1} + 2$

    C. $n \cdot 2^{n+1} - 2^n$ D. $n \cdot 2^{n+1} - 2^{n+1}$

    E. $n \cdot 2^{n+1} - 2^n + 2$

6. 已知数列 $\{a_n\}$ 满足：$2a_{n+1} = a_n + 3$，如果 $a_1 = 1$，那么 $a_{100} = $（   ）.

    A. $3 - \dfrac{1}{2^{99}}$ B. $3 - \dfrac{1}{2^{98}}$ C. $-\dfrac{1}{2^{99}}$

    D. $3 + \dfrac{1}{2^{99}}$ E. $3 + \dfrac{1}{2^{98}}$

7. 已知 S_n 是等比数列 $\{a_n\}$ 的前 n 项和，如果 $3S_3 = a_4 - 2$，$3S_2 = a_3 - 2$，则公比 $q = $（   ）.

    A. 1   B. 2   C. 3   D. 4   E. 5

8. 已知 S_n 是等差数列 $\{a_n\}$ 的前 n 项和，如果 $2S_3 = 3S_2 + 6$，则公差 $d = $（   ）.

    A. 6   B. 2   C. 3   D. 1   E. 4

9. 已知数列 $\{x_n\}$ 满足：$x_{n+1} = \dfrac{1 + x_n}{1 - x_n}$，且 $x_1 = \dfrac{1}{2}$，那么 $x_{2\,022} = $（   ）.

    A. 3   B. -2 C. $\dfrac{1}{2}$ D. $\dfrac{1}{3}$ E. $-\dfrac{1}{3}$

10. 数列 $\{a_n\}$ 的前 n 项和 $S_n = \dfrac{1}{2}n^2 + \dfrac{1}{2}n$，设 $b_n = \dfrac{1}{a_n \cdot a_{n+1}}$，那么数列 $\{b_n\}$ 的前 100 项和为（   ）.

A. 1　　　B. $\frac{1}{101}$　　　C. $\frac{102}{101}$　　　D. 2　　　E. $\frac{100}{101}$

11. 在数列 $\{a_n\}$ 中，$a_1 = 2$，$a_{n+1} = a_n \cdot \frac{n}{n+1}$，那么 $a_{100} = ($ 　　$)$.

　　A. $\frac{1}{100}$　　　B. $\frac{2}{101}$　　　C. $\frac{2}{99}$　　　D. $\frac{1}{50}$　　　E. $\frac{1}{25}$

12. 设数列 $\{a_n\}$ 中，$a_1 = 2$，$a_{n+1} = a_n + n$，则 $a_{100} = ($ 　　$)$.

　　A. 5 052　　B. 4 948　　C. 5 050　　D. 4 950　　E. 4 952

13. 培养皿上有 2 个细菌，1 小时后分裂成 4 个并死去 1 个，2 小时后分裂成 6 个并死去 1 个，3 小时后分裂成 10 个并死去 1 个，按此规律下去，第 8 小时后细胞存活（　　）个.

　　A. 256　　B. 257　　C. 258　　D. 128　　E. 129

14. 设等差数列 $\{a_n\}$ 的前 n 项和为 S_n，若 $\frac{a_5}{a_3} = \frac{5}{9}$，则 $\frac{S_9}{S_5} = $

　　（　　）.

　　A. 1　　　B. 2　　　C. $\frac{5}{9}$　　　D. $\frac{9}{5}$　　　E. -1

15. 已知 $\frac{2S_n}{n} + n = 2a_n + 1$，那么数列 $\{a_n\}$ 是（　　）.

　　A. 公差为 1 的等差数列　　　B. 公比为 1 的等比数列

　　C. 公差为 2 的等差数列　　　D. 公比为 2 的等比数列

　　E. 非等差等比数列

16. 等比数列 $\{a_n\}$ 满足 $a_1 + a_3 + a_5 = 100$，则 $a_3 + a_5 + a_7 = 400$.

　　(1) $a_n = 2a_{n-1}$.

　　(2) $a_n = 3a_{n-1}$.

17. 已知等差数列 $\{a_n\}$ 的前 n 项和为 S_n，则可以确定 $S_{20} = 200$.

　　(1) $a_1 + a_{19} = 20$.

　　(2) $a_2 + a_{20} = 20$.

18. 已知数列 $\{a_n\}$ 的前 n 项和为 S_n，则 $\{a_n\}$ 为等比数列.

　　(1) $S_n = 3^{n+1} - 3$.

　　(2) $S_n = 3n$.

19. 已知 $\{a_n\}$ 为等差数列，其公差为 -2，S_n 为 $\{a_n\}$ 的前 n 项和，则 S_{10} 的值为 110.

　　(1) $a_4 = 55$.

　　(2) a_7 是 a_3 与 a_9 的等比中项.

20. 设 $a_1 = 1$，$a_2 = k$，$a_{n+1} = |a_n - a_{n-1}|$ $(n \geqslant 2)$，则 $a_{100} + a_{101} + a_{102} = 2$.

　　(1) $k = 2$.

　　(2) k 是小于 20 的正整数.

参考答案与解析

答案速查：1～5　CADBB　6～10　BDBAE　11～15　DEBAA　16～20　ACDBD

1. C　【解析】本题运用公式4.设等比数列$\{a_n\}$的公比为q,则$a_4 = a_1q^3 = 24$,又$a_1 = 3$,解得$q = 2$,$a_2 + a_4 + a_6 = a_1q + a_1q^3 + a_1q^5 = 126$.故选C.

2. A　【解析】本题运用公式3.由公式3可得$2(S_{10} - S_5) = S_5 + S_{15} - S_{10}$,解得$S_{10} = \dfrac{160}{3}$.故选A.

3. D　【解析】本题运用公式4和公式6.因为$\{a_n\}$是等比数列,所以$a_4 \cdot a_7 = a_5 \cdot a_6 = -8$,又$a_4 + a_7 = 2$,解得①$a_4 = -2$,$a_7 = 4 \Rightarrow a_1 = 1$,$q^3 = -2$,则$a_1 + a_{10} = a_1(1 + q^9) = -7$.②$a_4 = 4$,$a_7 = -2 \Rightarrow a_1 = -8$,$q^3 = -\dfrac{1}{2}$,则$a_1 + a_{10} = a_1(1 + q^9) = -7$.故选D.

4. B　【解析】本题运用公式2和公式6.因为a_7是a_3和a_9的等比中项,所以$a_7^2 = a_3 \cdot a_9$,即
$$(a_1 + 6d)^2 = (a_1 + 2d) \cdot (a_1 + 8d) \Rightarrow (a_1 - 12)^2 = (a_1 - 4)(a_1 - 16),$$
解得$a_1 = 20$,所以$a_n = -2n + 22$,$S_{10} = \dfrac{(a_1 + a_{10}) \times 10}{2} = \dfrac{(20 + 2) \times 10}{2} = 110$.故选B.

5. B　【解析】本题运用公式5.由于
$$S_n = 1 \cdot 2^1 + 2 \cdot 2^2 + 3 \cdot 2^3 + \cdots + n \cdot 2^n, \qquad ①$$
$$2S_n = 1 \cdot 2^2 + 2 \cdot 2^3 + 3 \cdot 2^4 + \cdots + n \cdot 2^{n+1}, \qquad ②$$
①－②得　　　$-S_n = 2^1 + 2^2 + 2^3 + \cdots + 2^n - n \cdot 2^{n+1}$,
整理得$S_n = n \cdot 2^{n+1} - 2^{n+1} + 2$.故选B.

6. B　【解析】本题运用公式10.$2a_{n+1} = a_n + 3 \Rightarrow a_{n+1} - 3 = \dfrac{1}{2}(a_n - 3)$,所以$\{a_n - 3\}$是首项为$-2$,公比为$\dfrac{1}{2}$的等比数列,$a_n - 3 = (-2) \times \dfrac{1}{2^{n-1}} = -\dfrac{1}{2^{n-2}}$,即$a_n = 3 - \dfrac{1}{2^{n-2}}$,所以$a_{100} = 3 - \dfrac{1}{2^{98}}$.故选B.

7. D　【解析】本题运用公式7.两式相减得$3(S_3 - S_2) = a_4 - a_3 \Rightarrow 3a_3 = a_4 - a_3$,所以$q = \dfrac{a_4}{a_3} = 4$.故选D.

8. B　【解析】本题运用公式1和公式7.因为$\{a_n\}$为等差数列,所以$2S_3 = 3S_2 + 6 \Rightarrow 2a_3 = a_1 + a_2 + 6 \Rightarrow d = 2$.故选B.

9. A　【解析】本题运用公式11.由题意得$x_1 = \dfrac{1}{2}$,$x_2 = \dfrac{1 + x_1}{1 - x_1} = 3$,$x_3 = -2$,$x_4 = -\dfrac{1}{3}$,$x_5 = \dfrac{1}{2}$,$\cdots$,依次写下去,发现其结果四个一循环,所以$x_{2\,022} = 3$.故选A.

10. E　【解析】本题运用公式 7. 当 $n=1$ 时，$a_1=S_1=\dfrac{1}{2}+\dfrac{1}{2}=1$，当 $n\geqslant 2$ 时，

$$a_n=S_n-S_{n-1}=\frac{1}{2}n^2+\frac{1}{2}n-\left[\frac{1}{2}(n-1)^2+\frac{1}{2}(n-1)\right]=n,$$

故 $a_n=n$，则数列 $\{b_n\}$ 的前 100 项和为

$$T_{100}=\frac{1}{1\times 2}+\frac{1}{2\times 3}+\cdots+\frac{1}{100\times 101}=1-\frac{1}{2}+\frac{1}{2}-\frac{1}{3}+\cdots+\frac{1}{100}-\frac{1}{101}$$

$$=1-\frac{1}{101}=\frac{100}{101}.$$

故选 E.

11. D　【解析】本题运用公式 9. 因为 $a_{n+1}=a_n\cdot\dfrac{n}{n+1}\Rightarrow(n+1)a_{n+1}=na_n\Rightarrow\dfrac{(n+1)a_{n+1}}{na_n}=$

1，所以 $\{na_n\}$ 是每项均为 2 的常数列，即 $na_n=2$，$a_n=\dfrac{2}{n}$，所以 $a_{100}=\dfrac{2}{100}=\dfrac{1}{50}$.

故选 D.

12. E　【解析】本题运用公式 8. 由 $a_{n+1}-a_n=n$ 可知

$$a_2-a_1=1,$$
$$a_3-a_2=2,$$
$$\cdots$$
$$a_{100}-a_{99}=99,$$

累加得 $a_{100}-a_1=1+2+3+\cdots+99=\dfrac{99(1+99)}{2}=4\,950$，故 $a_{100}=4\,952$. 故选 E.

13. B　【解析】本题运用公式 11. 根据题意，1 小时后分裂成 4 个并死去 1 个，剩 3 个，$3=$ 2^1+1；2 小时后分裂成 6 个并死去 1 个，剩 5 个，$5=2^2+1$；3 小时后分裂成 10 个并死去 1 个，剩 9 个，$9=2^3+1$；$\cdots$. 由此可发现 n 小时后存活细胞的数量满足数列 $a_n=$ 2^n+1，所以第 8 小时后细胞存活 257 个. 故选 B.

14. A　【解析】本题运用公式 2. $S_9=9a_5$，$S_5=5a_3$，故 $\dfrac{S_9}{S_5}=\dfrac{9a_5}{5a_3}=1$. 故选 A.

15. A　【解析】本题运用公式 7. 由已知得，$2S_n=n(2a_n+1-n)$，则

$$2S_{n-1}=(n-1)(2a_{n-1}+2-n),$$

所以　　　　$2S_n-2S_{n-1}=n(2a_n+1-n)-(n-1)(2a_{n-1}+2-n)$，

通过运算得 $(n-1)(a_n-a_{n-1}-1)=0$，故 $a_n-a_{n-1}=1$. 所以数列 $\{a_n\}$ 是公差为 1 的等差数列. 故选 A.

16. A　【解析】本题运用公式 4. 由条件(1)可得 $q=2$，故 $a_3+a_5+a_7=(a_1+a_3+a_5)q^2=$ $100\times 4=400$，故充分，同理可得条件(2) 不充分. 故选 A.

17. C　【解析】本题运用公式 1 和公式 2. 单独均不充分，考虑联合，联合可得 $d=0$，故

$a_1 = a_{20} = a_2 = a_{19} = 10$，则 $S_{20} = 20 \times 10 = 200$．故选 C．

18. D **【解析】** 本题运用公式 5．由条件 (1)，$a_1 = 6, S_{n+1} = 3^{n+2} - 3, S_{n-1} = 3^n - 3$，则

$$a_{n+1} = S_{n+1} - S_n = 3^{n+2} - 3 - 3^{n+1} + 3 = 3^{n+1} \cdot 2,$$

$$a_n = S_n - S_{n-1} = 3^{n+1} - 3 - 3^n + 3 = 3^n \cdot 2,$$

可得 $\dfrac{a_{n+1}}{a_n} = 3$，故 $\{a_n\}$ 为等比数列．

条件 (2)，由 $a_1 = 3, a_n = S_n - S_{n-1} = 3 (n \geqslant 2)$，可知 $a_n = 3$，故 $\{a_n\}$ 为等比数列．故选 D．

19. B **【解析】** 本题运用公式 2 和公式 6．由题干和条件 (1) 得 $a_1 = a_4 - 3d = 61$，进而得 $S_{10} = 520$，可知条件 (1) 不充分；由条件 (2) 得 $(a_3 + 4d)^2 = a_3 (a_3 + 6d)$，再结合题干解得 $a_1 = 20$，从而得 $S_{10} = 110$，则可知条件 (2) 充分．故选 B．

20. D **【解析】** 本题运用公式 11．条件 (1)：将 $k = 2$ 代回题目验证，可得数列为 $1, 2, 1, 1, 0, 1, 1, 0, 1, 1, 0, \cdots$，观察出循环节为 $1, 1, 0$，从第 3 项开始之后的每相邻三项的和等于 2，故条件 (1) 充分．

条件 (2)：将 $k = 19$ 代回题目验证，可得数列为 $1, 19, 18, 1, 17, 16, 1, 15, 14, 1, \cdots, 3, 2, 1, 1, 0, 1, 1, 0, \cdots$，从第 28 项开始之后的每相邻三项的和等于 2，当 k 取其他值时，就会更早地出现循环节，故条件 (2) 充分．故选 D．

第六章

应用题

 考情分析

本章在考试大纲中没有明确的描述,但从历年的真题分析,本章属于非常重要的章节,需要掌握各种类型的应用题,如:比例问题、浓度问题、均值问题,等等.本章相对独立,但也会结合代数相关知识考查.

从试题分布上分析,考查本章考点的题目有 $6\sim8$ 道题,属于考试中占比最大的章节,因此要重点学习.

本章整体难度不大,但个别类型的应用题较难,学习建议用时为 $6\sim8$ 小时.

基本概念

1. 单位1:单位1是数学上的算术概念,是一个标准量,没有形式化定义,只有广泛存在于分数教学实践中的描叙性定义,所以一般会选择不变量作为单位1.单位"1"的量在应用题中往往指的是总量.例如修路问题(甲队修总长的 1/3,乙队修总长的 2/3) 中,单位"1" 就是路的总长.甲队修了单位"1"的 1/3,乙队修了单位"1"的 2/3.

2. 百分比:百分数表示一个数是另一个数的百分之几,也叫百分率或百分比.百分数通常不会写成分数的形式,而采用符号"％"(百分号) 来表示.百分比是一种表达比例、比率或分数数值的方法,如 82％ 代表 82/100 或 0.82.成和折则表示十分之几,如"七成"和"七折",代表 7/10 或 70％ 或 0.7.

3. 初始值:一个基础值、起始值,是某一时间段内的某物的基础量.

4. 终值:一个终止值,是某物在某一时间段内经过一定的增长率增长而达到的最终量.

5. 利润率:(成本)利润率 ＝ 利润÷成本×100％,销售利润率 ＝ 利润÷销售额×100％.

6. $s-t$ 图:位移 — 时间图像($s-t$ 图像):横轴表示时间,纵轴表示位移.

7. $v-t$ 图:速度 — 时间图像($v-t$ 图像):横轴表示时间,纵轴表示速度.

8. 牛吃草模型指的是总工作量随时间而线性增加或减少的模型.

9. 不定方程:若未知数的个数多于方程的个数则为不定方程.

🖊️ 公式精讲 ▾

公式组 1　比例问题

▎**公式 1　单位 1 计算公式**

（1）甲是乙的 80% ⟹ 甲 = 乙 × 80%.

（2）甲比乙多 20% ⟹ 甲比乙多乙的 20%

⟹ 甲 = 乙 × (1 + 20%).

（3）甲比乙少 20% ⟹ 甲 = 乙 × (1 − 20%).

（4）数量 ÷ 该数量对应的比例 = 单位 1.

（5）单位 1 × 比例 = 该比例对应的数量.

例1 某地连续举办三场国际商业足球比赛,第二场观众比第一场减少了 80%,第三场观众比第二场减少了 50%,若第三场观众仅有 2 500 人,则第一场观众有(　　).

A. 15 000 人　　　B. 20 000 人　　　C. 22 500 人

D. 25 000 人　　　E. 27 500 人

【解析】设第一场有观众 x 人,根据题意,得第二场有观众 $x \times (1 - 80\%) = 0.2x$(人),第三场有观众 $0.2x \times (1 - 50\%) = 0.1x$(人),则 $0.1x = 2\,500, x = 25\,000.$ 故选 D.

例2 某公司投资一个项目,已知上半年完成了预算的 $\frac{1}{3}$,下半年完成了剩余部分的 $\frac{2}{3}$,此时还有 8 千万元投资未完成,则该项目的预算为(　　)亿元.

A. 3　　　B. 3.6　　　C. 3.9　　　D. 4.5　　　E. 5.1

【解析】下半年投资为 $8 \div \left(1 - \dfrac{2}{3}\right) = 24$(千万元),则全年预算为 $24 \div \left(1 - \dfrac{1}{3}\right) = 36$(千万元) = 3.6(亿元). 故选 B.

▎**公式 2　连比转化公式**

若甲:乙 = $a:b$,乙:丙 = $c:d$,则甲:乙:丙 = $ac:bc:bd$.

例3 某工厂生产一批产品,经检验,优等品与二等品的比例为 5:2,二等品与次品的比例为 5:1,则该产品的合格率(合格品包括优等品和二等品)为(　　).

A. 92%　　B. 92.3%　　C. 94.6%　　D. 96%　　E. 98%

【解析】通过连比转化公式可得优等品：二等品：次品 $=$ $25:10:2$，故合格率为 $\dfrac{25+10}{25+10+2}\times 100\% = 94.6\%$．故选 C．

▌公式3 统一比例公式

已知甲：乙 $=a:b$，并且乙增加了若干数字后，甲：乙 $=c:d$．由于前后甲是没有发生变化的，因此可以把两个比例中的甲所对应的数字统一，即甲：乙 $=ac:bc$，乙增加了若干数字后，甲：乙 $=ac:ad$．所以乙新增的数字所对应的比例为 $ad-bc$，两者相除即可得出 1 份对应的量，进而解决问题．

例4 某国参加北京奥运会的男、女运动员比例原为 $19:12$．由于先增加若干名女运动员，使男、女运动员比例变为 $20:13$，后又增加了若干名男运动员，于是男、女运动员比例最终变为 $30:19$．如果后增加的男运动员比先增加的女运动员多 3 人，则最后运动员的总人数为（　　）．

  A. 686 B. 637 C. 700 D. 661 E. 600

【解析】最初男：女 $=19:12$，增加了女运动员使得男：女新增 $=20:13$；由于男运动员人数没有发生变化，采用统一比例公式，最初男：女 $=(19\times 20):(12\times 20)=380:240$，新增女运动员后，男：女新增 $=(20\times 19):(13\times 19)=380:247$．说明新增的女运动员为 $247-240=7$（份）．再次运用统一比例公式，男新增：女新增 $=(30\times 13):(19\times 13)=390:247$，说明新增的男运动员为 $390-380=10$（份）．那么后增加的男运动员比先增加的女运动员多 $10-7=3$（份），又已知两者数量差为 3 人，所以每份代表 1 人．最后运动员总人数为 $390+247=637$（人）．故选 B．

▌公式组2 增长率问题

▌公式4 单次增长率

单次增长率：a 到 b 的增长率为 $\dfrac{b-a}{a}\times 100\%$．

例5 某种商品降价 20% 后，若欲恢复原价，应提价（　　）．

  A. 20% B. 25% C. 22% D. 15% E. 24%

【解析】0.8 到 1 的增长率为 $(1-0.8)\div 0.8\times 100\% = 25\%$．故选 B．

公式5　复合增长率

复合增长率:若连续2次的增长率为 p 和 q,则复合增长率为 $(1+p)(1+q)-1$.

例6 某产品去年涨价 10%,今年涨价 20%,则该产品这两年涨价(　　).

　　A. 15%　　　B. 16%　　　C. 30%　　　D. 32%　　　E. 33%

【解析】设前年的价格为1,则今年的价格为 $1\times(1+10\%)\times(1+20\%)=1.32$,则该产品这两年涨价了 $(1.32-1)\times100\%=32\%$.故选 D.

公式6　平均增长率

假设平均增长率为 q,初始值为 x,终值为 y,增长次数为 n,则有 $x\cdot(1+q)^n=y$,即 $q=\sqrt[n]{\dfrac{y}{x}}-1$.

例7 甲企业一年的总产值为 $\dfrac{a}{p}\left[(1+p)^{12}-1\right]$.

(1)甲企业一月份的产值为 a,以后每月产值的增长率为 p.

(2)甲企业一月份的产值为 $\dfrac{a}{2}$,以后每月产值的增长率为 $2p$.

【解析】条件(1):产值成等比数列,从一月起产值为 a, $a(1+p)$, $a(1+p)^2$, $\cdots$, $a(1+p)^{11}$,根据等比数列求和公式可得一年总产值为 $\dfrac{a}{p}\left[(1+p)^{12}-1\right]$,充分.条件(2):一年总产值为 $\dfrac{a}{4p}\left[(1+2p)^{12}-1\right]$,不充分.故选 A.

公式组3　利润问题

公式7　利润计算公式

(1)利润＝售价－进价.

(2)利润率 $=\dfrac{利润}{进价}\times100\%=\left(\dfrac{售价}{进价}-1\right)\times100\%$.

例8 某商店将每套服装按原价提高 50% 后再作7折"优惠"的广告宣传,这样每售出一套服装可获利625元.已知每套服装的成本是 2 000 元,该店按"优惠价"售出一套服装比按原价(　　).

思路点拨

• 要想确定平均增长率,必须确定终值和初始值的比例,以及增长的次数.

A. 多赚 100 元　　B. 少赚 100 元　　　　C. 多赚 125 元

D. 少赚 125 元　　E. 多赚 155 元

【解析】设原价为 x 元,根据题意,有

$$x \times (1 + 50\%) \times 70\% - 2\,000 = 625,$$

解得 $x = 2\,500$."优惠价"为 2 625 元,所以按"优惠价"售出一套服装比按原价多赚 $2\,625 - 2\,500 = 125$(元). 故选 C.

例9 一商店把某商品按标价的九折出售,仍可获利 20%,若商品的进价为每件 21 元,则该商品每件的标价为(　　).

A. 26 元　　B. 28 元　　C. 30 元　　D. 32 元　　E. 34 元

【解析】设该商品标价为 x 元,根据题意有 $0.9x = 21 \times (1 + 20\%)$,解得 $x = 28$. 故选 B.

公式组 4　浓度问题

公式 8　浓度计算公式

(1) 溶液 = 溶质 + 溶剂.

(2) 浓度 = 溶质 ÷ 溶液 = 溶质 ÷ (溶质 + 溶剂).

例10 有青菜 10 千克,含水量为 99%,晾晒一会儿后,含水量降为 98%.则蒸发掉(　　)千克水分.

A. 1　　　B. 3　　　C. 5　　　D. 6　　　E. 7

【解析】剩余的青菜量为 $10 \times (1 - 99\%) \div (1 - 98\%) = 5$(千克).所以蒸发掉的水分为 $10 - 5 = 5$(千克). 故选 C.

例11 有浓度为 2.5% 的盐水 840 克,要蒸发掉(　　)克水才可以得到浓度为 3.5% 的盐水.

A. 210　　B. 100　　C. 300　　D. 150　　E. 240

【解析】该盐水溶液中含盐量为 $840 \times 2.5\% = 21$(克).溶剂蒸发,但溶质质量不变,则蒸发一些水后的溶液为 $21 \div 3.5\% = 600$(克).所以需要蒸发水 $840 - 600 = 240$(克). 故选 E.

公式 9　溶液守恒公式

(1) 溶液守恒:溶液 1 的总量 + 溶液 2 的总量 = 混合后新溶液的总量.

(2) 溶质守恒:溶液 1 的溶质量 + 溶液 2 的溶质量 = 混合后的溶质总量.

例12 若用浓度为 30% 和 20% 的甲、乙两种食盐溶液配成浓

快速记忆

- 盐水 = 盐 + 水.

　医用酒精 = 纯酒精 + 水.

- 考试常考盐水和酒精溶液两种,所以可以不记专业性表述,记住这两个例子即可.

度为 24% 的食盐溶液 500 克,则甲、乙两种溶液各取( ).

A. 180 克,320 克   B. 185 克,315 克

C. 190 克,310 克   D. 195 克,305 克

E. 200 克,300 克

【解析】设取甲溶液 x 克,则取乙溶液 $(500-x)$ 克,根据混合后溶液中溶质相等列出方程:$0.3x + 0.2(500-x) = 0.24 \times 500$,解得 $x = 200$. 故选 E.

公式 10   反复倾倒公式

(1)已知溶液质量(或体积)为 M,初始浓度为 c_0,每次操作中先倒出 M_0 的溶液,再加入 M_0 的溶剂(清水),重复 n 次,则

$$c_n = c_0 \left(\frac{M-M_0}{M}\right)^n = c_0 \left(1-\frac{M_0}{M}\right)^n.$$

(2)已知溶液质量(或体积)为 M,初始浓度为 c_0,每次操作中先倒入 M_0 的溶剂(清水),再倒出 M_0 的溶液,重复 n 次,则

$$c_n = c_0 \left(\frac{M}{M+M_0}\right)^n.$$

例 13 一满桶纯酒精倒出 10 升后,加满水搅匀,再倒出 4 升后,再加满水. 此时,桶中的纯酒精与水的体积之比是 2∶3,则该桶的容积是( )升.

A. 15   B. 18   C. 20   D. 22   E. 25

【解析】设该桶的容积为 V. 酒精浓度原为 100%,倒出 10 升后,加满水搅匀,再倒出 4 升后,再加满水,浓度变为 $100\% \times \left(1-\frac{10}{V}\right) \times \left(1-\frac{4}{V}\right) = \frac{2}{5}$,解得 $V = 20$. 故选 C.

公式组 5   平均值问题

公式 11   总数守恒公式

以班级的平均分为例:

全班人数×全班平均分 = 男生人数×男生平均分 + 女生人数×女生平均分.

例 14 某班同学在一次测验中,平均成绩为 75 分,其中男同学人数比女同学人数多 80%,而女同学的平均成绩比男同学的高 20%,则女同学的平均成绩为( ).

A. 83 分   B. 84 分   C. 85 分   D. 86 分   E. 87 分

【解析】设男同学的平均成绩是 x,则女同学的平均成绩是 $1.2x$,女同学人数为 y,则男同学人数为 $1.8y$. 根据男同学总分＋女同学总分 ＝ 全班总分,列出方程:$x \cdot 1.8y + 1.2x \cdot y = 75 \cdot (y + 1.8y)$,解得 $x = 70$,所以女同学的平均成绩为 $70 \times (1 + 20\%) = 84$(分). 故选 B.

例15 公司有职工 50 人,理论知识考核平均成绩为 81 分,按成绩将公司职工分为优秀与非优秀两类,优秀职工的平均成绩为 90 分,非优秀职工的平均成绩为 75 分,则非优秀职工的人数为(　　).

　A. 30 人　　　　　　B. 25 人　　　　　　C. 20 人

　D. 15 人　　　　　　E. 不能确定

【解析】设非优秀职工有 x 人,则优秀职工有 $(50 - x)$ 人. 优秀职工总分＋非优秀职工总分 ＝ 全体职工总分. 据此列出方程:$90(50 - x) + 75x = 50 \times 81$,解得 $x = 30$. 故选 A.

公式 12　加权平均公式

以班级的平均分为例:

全体平均分 ＝ 男生平均分×男生人数占比＋女生平均分×女生人数占比.

其中,男生人数占比＋女生人数占比 ＝ 1.

例16 已知某公司男员工的平均年龄和女员工的平均年龄,则能确定该公司员工的平均年龄.

(1) 已知该公司的员工人数.

(2) 已知该公司男、女员工人数之比.

【解析】根据条件(1),显然无法确定员工的平均年龄. 根据条件(2),可以确定男、女员工的人数占比,根据加权平均公式可以计算出该公司员工的平均年龄. 故选 B.

公式 13　十字交叉法

以班级的平均分为例:

男生人数:女生人数 ＝ |女生平均分－全班平均分|:|男生平均分－全班平均分|.

如:男生平均分为 84 分,女生平均分为 94 分,全班平均分为 90 分,那么男生人数:女生人数 ＝ 4:6 ＝ 2:3,过程如下:

思路点拨

• 当题目给出人数占比或比例相关信息时,可以使用加权平均公式.

思路点拨

• 当题目给出三个平均分或平均分之间的差时,使用十字交叉法较为简便.

男生平均分 84 分 $\diagdown$ 94 − 90 = 4(分)

           90 分 $\Rightarrow \dfrac{男生人数}{女生人数} = \dfrac{2}{3}$.

女生平均分 94 分 $\diagup$ 90 − 84 = 6(分)

例 17 某班有 50 名学生,在一次考试中,男生的平均成绩为 84 分,女生的平均成绩为 94 分,全班的平均成绩为 90 分,则该班有男生( )人.

  A. 20   B. 30   C. 40   D. 25   E. 35

【解析】

男生:84 分 $\diagdown$ 94 − 90 = 4(分)

         90 分 $\Rightarrow \dfrac{男生人数}{女生人数} = \dfrac{4}{6}$,

女生:94 分 $\diagup$ 90 − 84 = 6(分)

所以男生人数为 50 ÷ (4 + 6) × 4 = 20(人). 故选 A.

公式组 6   行程问题

▌公式 14   基本公式

路程 = 速度 × 时间;时间 = 路程 ÷ 速度;速度 = 路程 ÷ 时间.

例 18 某人从 A 地出发,先乘时速为 220 千米的动车,后转乘时速为 100 千米的汽车到达 B 地,则 A,B 两地的距离为 960 千米.

(1) 乘动车时间与乘汽车的时间相等.

(2) 乘动车时间与乘汽车的时间之和为 6 小时.

【解析】单独利用两个条件显然无法得到两地的距离,联合两个条件,可知乘动车和乘汽车的时间都为 3 小时,那么两地的距离为 (220 + 100) × 3 = 960(千米),充分. 故选 C.

▌公式 15   直线相遇及追及公式

(1) 直线相遇:路程和 = 速度和 × 时间,即 $s = (v_1 + v_2) \times t$.

(2) 直线追及:路程差 = 速度差 × 时间,即 $s = |v_1 - v_2| \times t$.

例 19 甲、乙两车同时从 A,B 两地相向开出,甲车每小时行 70 千米,乙车每小时行 62 千米,两辆车在离中点 20 千米处相遇,A,B 两地相距( )千米.

  A. 660   B. 330   C. 300   D. 600   E. 570

【解析】甲车比乙车多行了 20 × 2 = 40(千米),所以两车的相遇时间是 40 ÷ (70 − 62) = 5(小时). 两地的距离为 (70 +

$62)\times 5 = 660$(千米). 故选 A.

▌公式 16 直线多次重复相遇公式

直线多次相遇,相遇 n 次,则有 $(2n-1)s = (v_1 + v_2)\times t$,每两次相遇之间两人共走了 2 个全程.

例 20 甲、乙两人上午 8:00 分别自 A,B 两地出发相向而行,9:00 第一次相遇,之后速度均提高了 1.5 千米 / 时,甲到 B 地,乙到 A 地后都立刻沿着原路返回,若两人在 10:30 第二次相遇,则 A,B 两地的距离是(   )千米.

A. 5.6   B. 7   C. 8   D. 9   E. 9.5

【解析】设甲速度为 a 千米 / 时,乙速度为 b 千米 / 时,A,B 两地距离为 k 千米.

第一次相遇两人共走完一个全程:$k = (a+b)\times 1$;第一次相遇到第二次相遇两人共走完两个全程:$2k = (a+1.5+b+1.5)\times 1.5$,联立两个方程得 $2(a+b) = 1.5(a+b+3)$,可得 $a+b = 9$,即 $k = 9$,因此 A,B 两地距离为 9 千米. 故选 D.

例 21 A,B 两地全程为 1 800 米,甲、乙两人分别从 A,B 两地出发进行往返运动. 甲速度为 100 米 / 分,乙速度为 80 米 / 分,则两人第三次相遇时,甲距其出发点(   )米.

A. 600   B. 900   C. 1 000   D. 1 400   E. 1 600

【解析】两人 3 次相遇共走了 5 个全程,所以两人共走了 $1\,800\times 5 = 9\,000$(米). 甲、乙速度比为 5:4,根据路程比等于速度比,知甲走了 $9\,000\div(5+4)\times 5 = 5\,000$(米). 此时甲距离出发点 $5\,000 - 1\,800 - 1\,800 = 1\,400$(米). 故选 D.

▌公式 17 环形相遇及追及公式

(1) 环形相遇 n 次:n 倍环形周长 $= (v_1 + v_2)\times t$.

(2) 环形追及 n 次:n 倍环形周长 $= |v_1 - v_2|\times t$.

例 22 小李和小明在公园的环形跑道上练习长跑,小李每分钟跑 250 米,小明每分钟跑 200 米,两人同时同地同向出发,经过 45 分钟,小李追上小明,如果两人同时同地反向出发,经过(   )分钟两人相遇.

A. 1   B. 3   C. 5   D. 6   E. 7

【解析】环形跑道一周的长度为 $(250 - 200)\times 45 = 2\,250$(米),反向出发后的相遇时间为 $2\,250\div(250+200) =$

5(分钟). 故选 C.

▍公式 18　火车过桥公式

(1) 火车经过大桥：$L_{火车} + L_{大桥} = v_{火车} \times t$.

(2) 火车经过静止的行人：$L_{火车} = v_{火车} \times t$.

(3) 火车经过移动的行人.

相遇：$L_{火车} = (v_{火车} + v_{人}) \times t$.

追及：$L_{火车} = (v_{火车} - v_{人}) \times t$.

(4) 火车经过火车.

相遇：$L_{火车1} + L_{火车2} = (v_{火车1} + v_{火车2}) \times t$.

追及：$L_{火车1} + L_{火车2} = |v_{火车1} - v_{火车2}| \times t$.

例 23 一个车队以 5 米／秒的速度缓缓通过一座长 300 米的大桥，共用 100 秒，已知每辆车长 5 米，相邻两车间隔 10 米，则这个车队共有(　　)辆车.

A. 19　　　B. 18　　　C. 17　　　D. 15　　　E. 14

【解析】在 100 秒内车队共前进了 $5 \times 100 = 500$(米)，即桥长加上车队长共 500 米，所以车队长 $500 - 300 = 200$(米)，设车队共有 x 辆车，则 $5x + (x-1) \times 10 = 200$，解得 $x = 14$. 故选 E.

例 24 在一条与铁路平行的公路上有一行人与一骑车人同向行进，行人的速度为 3.6 千米／时，骑车人的速度为 10.8 千米／时，如果一列火车从他们的后面同向匀速驶来，它通过行人的时间是 22 秒，通过骑车人的时间是 26 秒，则这列火车的车长为(　　)米.

A. 186　　　B. 268　　　C. 168　　　D. 286　　　E. 188

【解析】火车同向追及行人或骑车人所需要的时间等于比行人或者骑车人多前进一个火车车长所需要的时间. 设火车车长为 L 米，车速为 v 米／秒. 首先统一单位，行人的速度是 1 米／秒，骑车人的速度是 3 米／秒，根据题意列出方程组：$\begin{cases} 22(v-1) = L, \\ 26(v-3) = L, \end{cases}$ 解得 $v = 14, L = 286$. 故选 D.

▍公式 19　速度比公式

当时间一定时，速度比 = 路程比.

例25 甲、乙、丙三人进行百米赛跑(假设他们的速度不变),甲到达终点时,乙距终点还有 10 米,丙距终点还有 16 米.那么乙到达终点时,丙距终点还有(　　)米.

A. $\dfrac{22}{3}$　　　　B. $\dfrac{20}{3}$　　　　C. 5

D. $\dfrac{10}{3}$　　　　E. 以上结论均不正确

【解析】当运动时间相同时,路程之比等于速度之比.当甲到达终点时,乙跑了 90 米,丙跑了 84 米.所以乙的速度:丙的速度 $= 90:84 = 15:14$.当乙跑了 100 米时,丙跑了 $100 \times \dfrac{14}{15}$ 米,所以丙距终点还有 $100 \times \dfrac{1}{15} = \dfrac{20}{3}$(米).故选 B.

例26 甲、乙、丙三人同时从起点出发进行 1 000 米自行车比赛(假设他们各自的速度保持不变),甲到达终点时,乙距终点还有 40 米,丙距终点还有 64 米.那么乙到达终点时,丙距终点还有(　　)米.

A. 21　　　B. 25　　　C. 30　　　D. 35　　　E. 39

【解析】由于时间相同,则速度比 = 距离比,即 $v_乙 : v_丙 = (1\,000 - 40) : (1\,000 - 64) = 40:39 = s_乙 : s_丙$,因此,当乙骑行 40 米时,丙骑行 39 米,即丙距终点还有 $64 - 39 = 25$(米).故选 B.

公式20　变速公式

速度变化指的是针对同一段路程,速度的变化会使得运动时间不同,可以根据路程相等列方程求解,即 $v_1 t_1 = v_2 t_2 = s$.

例27 老王上午 8:00 骑自行车去办公楼开会.若每分钟骑行 150 米,则他会迟到 5 分钟;若每分钟骑行 210 米,则他会提前 5 分钟.会议开始的时间是(　　).

A. 8:20　　B. 8:30　　C. 8:45　　D. 9:00　　E. 9:10

【解析】设准时到需要的时间为 t 分钟,则根据路程相等得 $150(t+5) = 210(t-5)$,解得 $t = 30$,所以会议开始时间为 8:30.故选 B.

例28 某人驾车从 A 地赶往 B 地,前一半路程比计划多用时 45 分钟,平均速度只有计划的 80%,若后一半路程的平均速度为 120 千米/时,此人还能按原定时间到达 B 地,则 A,B 的距离为(　　)千米.

A. 450　　B. 480　　C. 520　　D. 540　　E. 600

【解析】设计划用时为 $2t$ 小时,计划的平均速度为 v 千米/时,那么全程为 $2vt$ 千米.针对前一半路程列出方程 $0.8v \times \left(t + \dfrac{45}{60}\right) = vt$,解得 $t = 3$.后一半的路程为

$$120 \times \left(3 - \frac{45}{60}\right) = 270(千米),$$

故 A,B 的距离为 $270 \times 2 = 540(千米)$.故选 D.

思路点拨

- 水中的相遇和追及问题,和一般直线相遇追及公式相同.(因为水速被抵消)

公式 21 行船公式

设船在静水中的速度为 $v_{船}$,水流的速度为 $v_{水}$,则船在顺流而下时的速度为 $v_{船} + v_{水}$;船在逆流而上时的速度为 $v_{船} - v_{水}$.

例29 一条大河中间的水流速度为每小时 10 千米,沿岸边的水流速度为每小时 5 千米.一艘轮船在河中间顺流而下,6 小时可以行驶 360 千米,这艘轮船若沿岸边返回原出发地,需要（　　）小时.

　A. 1　　　　B. 4　　　　C. 5　　　　D. 7　　　　E. 8

【解析】轮船在河中间顺流而下每小时行 $360 \div 6 = 60(千米)$,轮船在静水中的速度为每小时 $60 - 10 = 50(千米)$.沿岸边逆行每小时行驶 $50 - 5 = 45(千米)$,则沿岸边返回原出发地需要 $360 \div 45 = 8(小时)$.故选 E.

例30 已知船在静水中的速度为 28 km/h,河水的流速为 2 km/h,则此船在相距 78 km 的两地间往返一次所需时间是（　　）h.

　A. 5.9　　　　B. 5.6　　　　C. 5.4　　　　D. 4.4　　　　E. 4

【解析】$v_{顺水} = v_{静水} + v_{流速} = 28 + 2 = 30(km/h)$,$v_{逆水} = v_{静水} - v_{流速} = 28 - 2 = 26(km/h)$,所需时间为 $\dfrac{78}{30} + \dfrac{78}{26} = 2.6 + 3 = 5.6(h)$.故选 B.

公式 22 图像公式

(1) $s - t$ 图:横坐标代表时间,纵坐标代表路程,斜率代表速度.

(2) $v - t$ 图:横坐标代表时间,纵坐标代表速度,图形与 x 轴围成的面积代表路程.

例31 甲、乙两人进行慢跑练习,慢跑路程 y(米)与所用时间 t(分钟)之间的关系如图所示,下列说法错误的是（　　）.

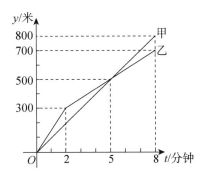

A. 5 分钟时两人都跑了 500 米

B. 前 2 分钟,乙的平均速度比甲快

C. 8 分钟时两人都跑了 800 米

D. 甲跑完 800 米的平均速度为 100 米 / 分

E. 8 分钟时甲比乙多跑了 100 米

【解析】由图可知,5 分钟时两人都跑了 500 米,故选项 A 正确,不符合题意;前 2 分钟,乙跑了 300 米,甲跑的路程小于 300 米,从而可知前 2 分钟,乙的平均速度比甲快,故选项 B 正确,不符合题意;甲 8 分钟跑了 800 米,乙 8 分钟跑了 700 米,故选项 E 正确,不符合题意;选项 C 错误,符合题意;甲 8 分钟跑了 800 米,可得甲跑完 800 米的平均速度为 100 米 / 分,故选项 D 正确,不符合题意. 故选 C.

公式组 7　工程问题

公式 23　单位 1 公式

在处理工程问题时,可以将总的工作量看作"1". 若甲单独完成需要 m 天,乙单独完成需要 n 天,则有如下结论:

(1) 甲的效率为 $\dfrac{1}{m}$,乙的效率为 $\dfrac{1}{n}$.

(2) 甲、乙合作的效率为 $\dfrac{1}{m}+\dfrac{1}{n}$.

(3) 甲、乙合作完成需要的时间为 $\dfrac{1}{\dfrac{1}{m}+\dfrac{1}{n}}=\dfrac{mn}{m+n}$.

例 32 一项工程,甲、乙、丙三人合作需要 15 天完成,如果乙休息 2 天,丙就要多做 4 天,或者甲、乙两人合作 1 天,则这项工程由丙单独做需要(　　)天.

A. 40　　　　B. 45　　　　C. 50　　　　D. 60　　　　E. 75

【解析】 设甲、乙、丙三人的效率分别为 a,b,c,根据题意列出方程组:$\begin{cases} a+b+c=\dfrac{1}{15}, \\ 2b=4c=a+b \end{cases} \Rightarrow c=\dfrac{1}{75}.$ 故选 E.

▌**公式 24　牛吃草公式**

(1) 存量＋增量 = 工作时间×工作效率.

(2) 增量 = 工作时间×增长(减少)效率.

　例33　一艘轮船发生漏水事故,当漏进 600 桶水时,两部抽水机开始排水,甲机每分钟能排 20 桶,乙机每分钟能排 16 桶,经过 50 分钟刚好将水全部排完.每分钟漏进的水为(　　)桶.

　　A. 12　　　　B. 18　　　　C. 24　　　　D. 30　　　　E. 40

【解析】 设每分钟漏进的水为 x 桶,在排水的 50 分钟里漏进 $50x$ 桶水,则抽水机总共排 $600+50x$ 桶水.所以 $600+50x=(20+16)\times 50$,解得 $x=24$.故选 C.

公式组 8　集合问题

▌**公式 25　韦恩图公式**

以三个集合,篮球、排球、足球为例:

x,y,z 分别表示只会篮球、足球、排球的人数;

a,b,c 分别表示只会篮球和排球、足球和排球、篮球和足球的人数;

m 表示篮球、足球、排球都会的人数;

$x+y+z$ 表示只会一种球类的人数;

$a+b+c$ 表示只会两种球类的人数;

$x+y+z+a+b+c+m$ 表示至少会一种球类的人数;

$a+b+c+m$ 表示至少会两种球类的人数.

例34 某班同学都至少会排球、篮球和足球三种球类中的一种.已知三种球类都会的有 1 人,仅会两种球类的有 15 人.会排球的人数和会篮球的人数之和为 29.会足球的人数和会篮球的人数之和为 25.会排球的人数和会足球的人数之和为 20,那么该班的人数为(   ).

A. 20   B. 25   C. 30   D. 35   E. 40

【解析】

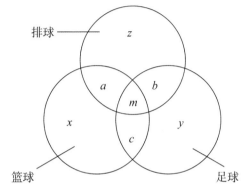

根据题意有

$$m = 1,$$
$$a + b + c = 15,$$
$$(z + a + b + m) + (x + a + c + m) = 29,$$
$$(y + b + c + m) + (x + a + c + m) = 25,$$
$$(z + a + b + m) + (y + b + c + m) = 20.$$

将后三个方程相加得 $2(x + y + z) + 4(a + b + c) + 6m = 74$,解得 $x + y + z = 4$.

所以该班有 $15 + 4 + 1 = 20$(人).故选 A.

公式 26 容斥原理公式

(1)2 个集合的容斥原理公式:$A \bigcup B = A + B - A \bigcap B$.

(2)3 个集合的容斥原理公式:$A \bigcup B \bigcup C = A + B + C - A \bigcap B - A \bigcap C - B \bigcap C + A \bigcap B \bigcap C$.

例35 某单位有职工 40 人,其中参加计算机考核的有 31 人,参加外语考核的有 20 人,有 8 人没有参加任何一种考核,则同时参加两项考核的职工有(   )人.

A. 10   B. 13   C. 15

D. 19   E. 以上结论均不正确

【解析】参加计算机考核的人数＋参加外语考核的人数－

两者都参加的人数＋两者都未参加的人数＝40,所以同时参加两项考核的职工有 $31＋20＋8－40＝19$(人). 故选 D.

例36 老师调查班上 50 名同学周末复习的情况,结果有 20 人复习过数学,30 人复习过语文,6 人复习过英语,且同时复习了数学和语文的有 10 人,同时复习了语文和英语的有 2 人,同时复习了英语和数学的有 3 人,若同时复习过这三门课程的人数为 0,则没有复习过这三门课程的学生人数为(   ).

A. 7   B. 8   C. 9   D. 10   E. 11

【解析】 根据容斥原理,至少复习过一门课程的人数有 $20＋30＋6－10－2－3＋0＝41$(人). 那么没有复习过这三门课程的学生人数为 $50－41＝9$(人). 故选 C.

公式组 9　运算类问题

公式 27　不定方程

(1) 只有有正整数限制,该方程才可能有唯一解.(如果没有正整数的限制条件,该方程不可能存在唯一解)

(2) 试数从系数大的变量开始.

(3) 利用整除性质进行分析,常用的分析是判断奇偶性和尾数(看 5 的倍数).

例37 甲购买了若干件 A 玩具,乙购买了若干件 B 玩具送给幼儿园,甲比乙少花了 100 元,则能确定甲购买的玩具件数.

(1) 甲与乙共购买了 50 件玩具.

(2) A 玩具的价格是 B 玩具的 2 倍.

【解析】 条件(1) 和条件(2) 单独显然都不充分,两个条件联合. 设甲购买的玩具件数为 x,则乙购买的玩具为 $50－x$ 件,设 B 玩具的单价为 m,则 A 玩具的单价为 $2m$,则有 $2mx＋100＝(50－x)m$,即 $3mx＝50m－100$.

由于价格可以不是正整数,所以根据题意列出的不定方程必然没有唯一解. 故选 E.

例38 共有 n 辆车,则能确定人数.

(1) 若每辆车 20 座,则有 1 车未坐满.

(2) 若每辆车 12 座,则少 10 个座.

【解析】 两个条件单独显然不充分,两个条件联合,则

$$20(n－1)＋a＝12n＋10(a＜20),$$

整理得 $8n = 30 - a$,解得 $a = 6$ 或 14,所以不能确定人数. 故选 E.

公式 28 植树问题公式

(1) 树空数量 = 总长度 ÷ 间隔.

(2) 直线型种树.

两端都种树:树的数量 = 树空的数量 + 1.

一端种树一端不种树:树的数量 = 树空的数量.

两端都不种树:树的数量 = 树空的数量 − 1.

(3) 封闭型种树(三角形、多边形、圆形均可).

树的数量 = 树空的数量.

例39 一个正方形的运动场,每边长 220 米,每隔 8 米安装一个照明灯,一共可以安装(　　)个照明灯.

　　A. 110　　　　　　B. 103　　　　　　C. 114

　　D. 111　　　　　　E. 112

【解析】封闭型植树问题. $\dfrac{220 \times 4}{8} = 110$. 故选 A.

例40 在一条长为 180 米的道路两旁种树(两端都种),每隔 2 米已经挖好一个坑,由于树种改变,现在改为每隔 3 米种一棵,则需要重新挖坑和填坑的个数分别为(　　).

　　A. 30,60　　　　　B. 60,30　　　　　C. 60,120

　　D. 120,60　　　　　E. 100,50

【解析】原来有树坑 $2 \times \left(\dfrac{180}{2} + 1 \right) = 182$(个),现在有树坑 $2 \times \left(\dfrac{180}{3} + 1 \right) = 122$(个),无需填埋的树坑有 $2 \times \left(\dfrac{180}{6} + 1 \right) = 62$(个),所以需重新挖树坑 $122 - 62 = 60$(个),需要填埋树坑 $182 - 62 = 120$(个). 故选 C.

公式导图

```
                          ┌─ 单位 1 计算公式
                  比例问题 ┤─ 连比转化公式
                          └─ 统一比例公式

                          ┌─ 单次增长率
                增长率问题 ┤─ 复合增长率
                          └─ 平均增长率

                  利润问题 ── 利润计算公式

                          ┌─ 浓度计算公式
                  浓度问题 ┤─ 溶液守恒公式
                          └─ 反复倾倒公式

                          ┌─ 总数守恒公式
                平均值问题 ┤─ 加权平均公式
                          └─ 十字交叉法

                          ┌─ 基本公式
                          │─ 直线相遇及追及公式
                          │─ 直线多次重复相遇公式
                          │─ 环形相遇及追及公式
          应用题 ┤ 行程问题┤─ 火车过桥公式
                          │─ 速度比公式
                          │─ 变速公式
                          │─ 行船公式
                          └─ 图像公式

                          ┌─ 单位 1 公式
                  工程问题 ┤
                          └─ 牛吃草公式

                          ┌─ 韦恩图公式
                  集合问题 ┤
                          └─ 容斥原理公式

                          ┌─ 不定方程
                运算类问题 ┤
                          └─ 植树问题公式
```

✐ 公式演练 ▼

1. 工厂共有 A,B,C 三个车间,已知 A,B 两车间人数之比为 3：5,C 车间人数是全部车间人数的 $\frac{1}{3}$,A 车间人数比 B 车间人数少 14 人,那么该工厂车间的人数为( ).

   A. 88　　　B. 86　　　C. 84　　　D. 82　　　E. 80

2. 一杯糖水,第一次加入一定量的水后,糖水的含糖百分比变为 15%;第二次又加入同样多的水,糖水的含糖百分比变为 12%;第三次再加入同样多的水,糖水的含糖百分比将变为( ).

   A. 10.5%　B. 10%　　C. 9.6%　　D. 9%　　E. 8.87%

3. 某商家先将商品价格提高 40% 再按 8 折销售,此时比按原价销售多赚 12 元. 如果按原价销售的利润率是 25%,那么按照"折后价"销售的利润率是( ).

   A. 40%　　　B. 45%　　　C. 50%　　　D. 55%　　　E. 60%

4. 园林工人要在周长为 300 m 的圆形花坛边等距离地栽上树. 他们先沿着花坛的边每隔 3 m 挖 1 个坑,当挖完 30 个坑时,突然接到通知:改为每隔 5 m 栽一棵树. 这样,他们还要挖( )个坑才能完成任务.

   A. 53　　　B. 54　　　C. 55　　　D. 56　　　E. 58

5. 制作一批产品,甲需要 10 天完成,甲和乙一起工作只需要 6 天即可完成,乙和丙一起工作需要 8 天能够完成,现在甲、乙、丙一起工作,完成后发现甲比乙多做了 2 400 个,则丙制作了( )个.

   A. 2 400　　B. 2 200　　C. 1 900　　D. 4 800　　E. 4 200

6. 某工厂近日进行了一次技能考核,已知男工的人数是女工的一半,男工的平均成绩是 84 分,比全体员工的平均成绩高 20%,那么女工的平均成绩是( )分.

   A. 60　　　B. 63　　　C. 66　　　D. 67　　　E. 70

7. 甲、乙两车同时从 A 地出发驶向 B 地的行驶时间和路程情况如图所示. 图中表示甲车已经到达 B 地,那么乙车在速度不变的情况下从 A 地行驶到 B 地一共需要( )分钟.

A. 8   B. 12   C. 16   D. 17   E. 18

8. 一艘船在行驶的过程中被发现漏水,发现漏水时,已经进了一些水,水匀速进入船内. 如果安排 10 人往外舀水,3 小时舀完;如果安排 5 人往外舀水,8 小时舀完. 现在要求一个半小时舀完,需要安排( )人舀水.

     A. 20   B. 19   C. 18   D. 17   E. 14

9. 老师统计了某班 65 名学生周测情况,数学得满分的有 36 人,逻辑得满分的有 30 人,英语得满分的有 15 人,数学和逻辑同时得满分的有 17 人,逻辑和英语同时得满分的有 5 人,数学和英语同时得满分的有 7 人,若有 2 人三科同时得满分,则三科成绩均没有得满分的学生人数为( ).

     A. 23   B. 21   C. 19   D. 17   E. 11

10. 小明从家到图书馆去上自习,先上坡再下坡,到达图书馆以后,发现没带资料,于是立即返回,往返共用了 36 分钟,假设小明上坡每分钟走 80 米,下坡每分钟走 100 米,则从家到图书馆的距离是( )米.

     A. 1 600   B. 1 200   C. 1 720   D. 2 000   E. 2 400

11. 甲容器中有浓度为 5% 的盐水 120 克,乙容器中有某种浓度的盐水若干. 从乙中取出 480 克盐水,放入甲中混合成浓度为 13% 的盐水,则乙容器中的盐水浓度是( ).

     A. 8%   B. 12%   C. 15%   D. 10%   E. 16%

12. 某家庭在一年的总支出中,子女教育支出与生活资料支出之比为 3:8,文化娱乐支出与子女教育支出之比为 1:2,已知文化娱乐支出占家庭总支出的 10.5%,则生活资料支出占家庭总支出的( ).

     A. 40%   B. 42%   C. 48%   D. 56%   E. 64%

13. 把浓度为 5% 的盐水 60 克和浓度为 20% 的盐水 40 克混合在一起,倒掉 10 克,再加入 10 克的水,则现在盐水的浓度为( ).

A. 7.9% B. 8.9% C. 9.9% D. 10.9% E. 11.9%

14. 甲、乙二人以均匀的速度分别从 A, B 两地同时出发,相向而行,他们第一次相遇地点距 A 地 4 千米,相遇后二人继续前进,走到对方出发点后立即返回,在距 B 地 3 千米处第二次相遇,则两次相遇地点之间的距离是( )千米.

A. 5 B. 4 C. 3 D. 2 E. 1

15. 有一个 200 m 的环形跑道,甲、乙两人同时从同一地点同方向出发.甲以 0.8 m/s 的速度步行,乙以 2.4 m/s 的速度跑步,乙在第 2 次追上甲时用了( )s.

A. 200 B. 210 C. 230 D. 250 E. 280

16. 假设有上行、下行两个轨道,两列火车相对开来,甲列车的车身长 235 m,车速 25 m/s;乙列车的车身长 215 m,车速 20 m/s,则两列火车从车头相遇到车尾离开需要( )s.

A. 10 B. 11 C. 12 D. 13 E. 14

17. 一只船顺流而行的航速为 30 km/h,已知顺水航行 3 h 和逆水航行 5 h 的航程相等,则此船在静水中航行 1 h 的航程为( ).

A. 22 km B. 24 km C. 26 km D. 28 km E. 30 km

18. 小谢像往常一样从家出发匀速步行去学校,在出发 5 分钟后,发现书包忘在家中,按原速折返回家.再次出发后,将自己的速度提高了 20%,恰好和往常同一时间到达学校.那么小谢正常步行至学校需要( )分钟.

A. 30 B. 50 C. 60 D. 70 E. 80

19. 某企业年终评选了 30 名优秀员工,分三个等级,分别按每人 10 万元、5 万元、1 万元给予奖励.若共发放奖金 89 万元,则获得 1 万元奖金的员工有( )名.

A. 17 B. 18 C. 19 D. 20 E. 21

20. 某容器中装满了浓度为 90% 的酒精溶液,倒出 1 升后用清水加满,再倒出 1 升后加满清水摇匀,已知此时酒精的浓度是 40%,该容器的体积是( )升.

A. 2.5 B. 3 C. 3.5 D. 4 E. 4.5

21. 已知某次考试某班全体的平均成绩,则能确定该次考试该班男生的平均成绩.

(1) 已知女生的平均成绩和女生的占比.

(2)已知男生的占比.

22. 现有甲、乙、丙、丁四人完成一项工程. 他们四人完成该工程需要的时间分别是 5 天、6 天、7 天、8 天,则能在 3 天内完成任务.

(1)安排两个效率最快的人合作.

(2)安排 3 个人合作.

23. 某人从 A 地出发前往 B 地,若步行所需的时间比骑车所需的时间多 1 小时,那么可以确定此人步行的速度.

(1)已知步行和骑车的速度之比.

(2)已知步行全程所需要的时间.

24. 给小朋友分苹果,可以确定苹果的个数.

(1)每人 4 个剩下 2 个,每人 5 个则有 1 人不够.

(2)每人 4 个剩下 8 个,每人 5 个则有 1 人不够.

25. 小王在银行购买了 10 万元的理财产品,小王在持有三年后全部卖掉,则可以确定小王这三年每年的平均收益率.

(1)已知这三年每年的年收益率.

(2)已知小王卖掉后收回的金额.

26. 成都市中学生运动会男、女运动员比例为 3:2,组委会决定增加女子艺术体操项目,这样男、女运动员比例变为 4:3;后来又决定增加男子象棋项目,男、女比例变为 14:9,则现在运动员总人数为 276.

(1)已知男子象棋项目运动员比女子艺术体操运动员多 12 人.

(2)已知男子象棋项目运动员比女子艺术体操运动员多 15 人.

27. 某人玩打靶游戏,全部命中,且都在 10 环、8 环和 5 环上,则能确定所用的子弹总量.

(1)总环数为 75.

(2)总环数为 55.

28. 某公司的收益连续增加,则这两年的年平均增长率为 $\sqrt{(a+1)(b+1)}-1$.

(1)第一年的增长率为 a,第二年的增长率为 b.

(2)第一年的增长率为 b,第二年的增长率为 a.

29. 已知某次考试某班全体的平均成绩,则能确定该次考试该班男生的平均成绩.

(1)已知男生平均成绩与女生平均成绩两者之差.

(2) 已知男生和女生人数之比.

30. 一项任务,交给甲同学单独完成需要 12 天. 现在甲、乙两名同学合作 4 天后,剩下的交给乙同学单独完成,结果两个阶段所花费的时间相等.

(1) 甲同学做 6 天后,乙同学做 4 天恰可完成任务.

(2) 甲同学做 2 天后,乙同学做 3 天恰可完成任务的一半.

参考答案与解析

答案速查: 1~5　CBABE　6~10　BCCEA　11~15　CDCDD　16~20　ABCCB

21~25　ADEED　26~30　ABDCE

1. C　【解析】本题运用公式 1. $14 \div (5-3) \times (5+3) \div \left(1 - \frac{1}{3}\right) = 84$. 故选 C.

2. B　【解析】本题运用公式 8. 第一次加入一定量的水后,糖水的含糖百分比变为 15%,即糖占 15 份,水占 85 份,糖水总共 100 份;第二次加入同样多的水后,浓度变为 12%,则此时的糖水是 $15 \div 12\% = 125$(份). 所以每次加入的水是 $125 - 100 = 25$(份),则第三次加入同样多的水后,含糖百分比是 $\frac{15}{100 + 25 + 25} \times 100\% = 0.1 \times 100\% = 10\%$. 故选 B.

3. A　【解析】本题运用公式 7. 设商品的原价为 x 元,由题意得 $x(1 + 40\%) \cdot 0.8 - x = 12 \Rightarrow x = 100$. 又该商品按原价销售的利润率是 25%,所以商品的进价为 80 元,折后价为 112 元. 故按照"折后价"销售的利润率是 40%. 故选 A.

4. B　【解析】本题运用公式 28. 还要挖 $\frac{300}{5} - \frac{90}{15} = 60 - 6 = 54$(个). 故选 B.

5. E　【解析】本题运用公式 23. 由题意可知甲的工作效率为 1/10,乙的工作效率为 $1/6 - 1/10 = 1/15$,丙的工作效率为 $1/8 - 1/15 = 7/120$,三人一起工作,工作量之比 = 工作效率之比 = 12:8:7. 所以丙制作了 $2\ 400 \div (12 - 8) \times 7 = 4\ 200$(个). 故选 E.

6. B　【解析】本题运用公式 13. 由题意可得,全体员工的平均成绩为 $\frac{84}{1 + 20\%} = 70$(分). 设女工的平均成绩为 x 分,则利用十字交叉法可得 $\frac{70 - x}{84 - 70} = \frac{1}{2}$,解得 $x = 63$. 故选 B.

7. C　【解析】本题运用公式 22. A,B 两地相距 8 千米,乙车的速度为 0.5 千米/分钟,故乙车在速度不变的情况下从 A 地行驶到 B 地一共需要 $8 \div 0.5 = 16$(分钟). 故选 C.

8. C　【解析】本题运用公式 24. 设每小时进入船的水量为 a,每人每小时舀水量为 b,安排 x 人舀水,可以一个半小时舀完. 根据初始船内的水量相同列式: $3 \times 10b - 3a = 8 \times 5b - 8a$,解得 $a = 2b$,$3 \times 10b - 3a = 1.5bx - 1.5a$,解得 $x = 18$. 故选 C.

9. E 【解析】本题运用公式 26. A 表示数学得满分的人数, B 表示逻辑得满分的人数, C 表示英语得满分的人数, $A \bigcup B \bigcup C = 36 + 30 + 15 - 17 - 5 - 7 + 2 = 54$(人), 三科成绩均没有得满分的学生人数为 $65 - A \bigcup B \bigcup C = 65 - 54 = 11$. 故选 E.

10. A 【解析】本题运用公式 14. 设从家到图书馆的距离是 x 米, 则根据题意可得 $\dfrac{x}{80} + \dfrac{x}{100} = 36$, 解得 $x = 1\ 600$. 故选 A.

11. C 【解析】本题运用公式 9. 原甲容器的溶质为 $120 \times 5\% = 6$(克), 混合后甲容器的溶质为 $(120 + 480) \times 13\% = 78$(克), 所以推出从乙容器取出的 480 克盐水中溶质为 72 克, 即乙容器中盐水的浓度为 $72 \div 480 \times 100\% = 15\%$. 故选 C.

12. D 【解析】本题运用公式 2. 文化娱乐支出：子女教育支出：生活资料支出 $= 3 : 6 : 16$, 而文化娱乐支出占家庭总支出的 10.5%, 则生活资料支出占家庭总支出的 $10.5\% \div 3 \times 16 = 56\%$. 故选 D.

13. C 【解析】本题运用公式 8 和公式 10. 根据题意, 两种浓度的盐水混合后的盐水浓度为 $\dfrac{5\% \times 60 + 20\% \times 40}{100} = 11\%$, 则现在盐水的浓度为 $\dfrac{11\% \times 90}{100} = 9.9\%$. 故选 C.

14. D 【解析】本题运用公式 16 和公式 19. 设 A, B 两地之间的距离是 s 千米, 时间一定, 二人的路程之比等于速度之比, 甲、乙二人第一次相遇时所走的路程之比为 $4 : (s - 4)$, 从第一次相遇到第二次相遇甲、乙二人所走的路程之比为 $(s - 4 + 3) : (4 + s - 3)$, 则有 $\dfrac{4}{s - 4} = \dfrac{s - 4 + 3}{4 + s - 3}$, 解得 $s = 0$(舍)或 $s = 9$, 故两次相遇地点之间的距离是 $9 - 4 - 3 = 2$(千米). 故选 D.

15. D 【解析】本题运用公式 17. 乙第 2 次追上甲时比甲多跑两圈, 时间为 $\dfrac{200 \times 2}{2.4 - 0.8} = 250$(s). 故选 D.

16. A 【解析】本题运用公式 18. 根据题意, 两列火车从车头相遇到车尾离开需要 $(235 + 215) \div (25 + 20) = 10$(s). 故选 A.

17. B 【解析】本题运用公式 21. $\begin{cases} v_{船} + v_{水} = 30, \\ v_{船} - v_{水} = 30 \times \dfrac{3}{5} = 18 \end{cases} \Rightarrow \begin{cases} v_{船} = 24, \\ v_{水} = 6, \end{cases}$ 因此船在静水中航行 1 h 的航程为 24 km. 故选 B.

18. C 【解析】本题运用公式 20. 小谢比平时多走了折回家取书包的路程, 也就是往常 10 分钟的路程, 但和往常同一时间到达学校, 说明今天从家到学校比平时快了 10 分钟, 设往常从家到学校的速度为 v, 所用时间为 t, 则提速后的速度为 $v(1 + 20\%)$, 所用

时间为 $t-10$,根据路程相同,得 $vt=v(1+20\%)(t-10)$,解得 $t=60$. 故选 C.

19. C 【解析】本题运用公式 27. 设有 x 人获得 10 万元奖励,有 y 人获得 5 万元奖励,有 z 人获得 1 万元奖励,则 $\begin{cases} x+y+z=30, \\ 10x+5y+z=89, \end{cases}$ 两式相减得 $9x+4y=59$,因为 $4y$ 是偶数,59 是奇数,所以 $9x$ 为奇数,即 x 为奇数. 又根据题意,x 不能超过 6,且 x,y,z 均为非负整数,则 x 可能为 $1,3,5$,代入计算,当 $x=3,y=8,z=19$ 时满足题意. 故选 C.

20. B 【解析】本题运用公式 10. 设该容器的体积是 x 升. 第一次倒出后还剩溶质 $0.9(x-1)$ 升,浓度为 $0.9\times\dfrac{x-1}{x}$;第二次倒出后还剩溶质 $0.9\times\dfrac{x-1}{x}\times(x-1)$,浓度为 $0.9\times\left(\dfrac{x-1}{x}\right)^2$. 因此 $0.9\times\left(\dfrac{x-1}{x}\right)^2=0.4\Rightarrow x=3$. 故选 B.

21. A 【解析】本题运用公式 12. 已知女生占比即可确定男生占比,再由女生的平均成绩,根据加权平均公式,可以计算男生的平均成绩. 故选 A.

22. D 【解析】本题运用公式 23. 条件(1):$\dfrac{1}{5}+\dfrac{1}{6}>\dfrac{1}{3}$,充分. 条件(2):$\dfrac{1}{6}+\dfrac{1}{7}+\dfrac{1}{8}>\dfrac{1}{3}$,充分. 故选 D.

23. E 【解析】本题运用公式 19. 条件(1):由两者的速度比可以推出两者的时间比,结合时间差,可以计算出步行和骑车各自需要的时间,但无法推出速度. 条件(2)与条件(1) 所能推出的信息相同. 故两者均无法推出结论,联合也无法推出结论. 故选 E.

24. E 【解析】本题运用公式 27. 设有 x 位小朋友,若每人 5 个苹果,最后一个小朋友分得 m 个苹果.

条件(1):$4x+2=5(x-1)+m(0\leqslant m<5)$,解得 $m=7-x,x=3,4,5,6,7$,不能确定人数,即不能确定苹果数;

条件(2):$4x+8=5(x-1)+m(0\leqslant m<5)$,$m=13-x,x=9,10,11,12,13$,也不能确定苹果数. 故选 E.

25. D 【解析】本题运用公式 5 和公式 6. 对于条件(1),知道这三年每年的年收益率,也就知道了三年后的总收益(末项),设这三年每年的平均收益率为 q,还知道首项是 10 万元,则可以利用等比数列通项公式求出每年的平均收益率 q,充分;对于条件(2),知道卖掉后收回的金额,也就知道了三年后的总收益,此时与条件(1) 等价,也充分. 故选 D.

26. A 【解析】本题运用公式 3. 增加女子艺术体操项目,男运动员人数不变,则男、女人数之比由 $3:2=12:8$ 变为 $4:3=12:9$(男运动员的占比转化成同一数值).

增加男子象棋项目,女运动员人数不变,则男、女人数之比由 $12:9$ 变为 $14:9$(女运动员的占比转化为同一数值).即女运动员增加了 $9-8=1$(份),男运动员增加了 $14-12=2$(份),差是 $2-1=1$(份).

对于条件(1),差 1 份 $=12$ 人,那现在的总人数就是 $12\times(14+9)=12\times23=276$,充分;显然条件(2) 不充分. 故选 A.

27. B 【解析】本题运用公式 27. 设射击 10 环、8 环和 5 环所用的子弹数分别为 x,y 和 z.条件(1):$10x+8y+5z=75$. 因为 $10x,5z,75$ 均为 5 的倍数,所以 $8y$ 也是 5 的倍数,$y=5$,原方程有多组解,如:$x=1,z=5$;$x=2,z=3$;$x=3,z=1$,无法唯一确定,不充分;

条件(2):$10x+8y+5z=55$,有唯一解 $x=1,y=5,z=1$,可以确定所用子弹总量,故条件(2) 充分. 故选 B.

28. D 【解析】本题运用公式 5.对于条件(1),设这两年的平均增长率为 x,则 $(1+x)^2=(1+a)(1+b)$,推出平均增长率为 $\sqrt{(1+a)(1+b)}-1$,充分;对于条件(2),设这两年的平均增长率为 x,则 $(1+x)^2=(1+b)(1+a)$,推出平均增长率为 $\sqrt{(1+b)(1+a)}-1$,也充分. 故选 D.

29. C 【解析】本题运用公式 13.两条件单独显然不充分,考虑联合,设男生、女生、全体学生的平均成绩分别为 $a,b,c,a-b=m$,由条件(1)和条件(2)知 m 的值,以及男、女生人数之比 k,且 $\dfrac{c-b}{a-c}=k$,故 $a-b=c-b+a-c=m=k(a-c)+a-c=(k+1)(a-c)$,则 $a=\dfrac{m}{k+1}+c$,充分. 故选 C.

30. E 【解析】本题运用公式 23.设乙同学的工作效率为 $\dfrac{1}{x}$.

由条件(1) 可得 $6\times\dfrac{1}{12}+4\times\dfrac{1}{x}=1$,解得 $x=8$,故 $4\times\left(\dfrac{1}{12}+\dfrac{1}{8}\right)+4\times\dfrac{1}{8}>1$,不充分.

由条件(2) 可得 $2\times\dfrac{1}{12}+3\times\dfrac{1}{x}=\dfrac{1}{2}$,解得 $x=9$,故 $4\times\left(\dfrac{1}{12}+\dfrac{1}{9}\right)+4\times\dfrac{1}{9}>1$,不充分.

两条件也无法联合. 故选 E.

第七章

平面几何

考情分析

　　本章属于考试大纲中的几何部分.从大纲内容上分析,本章需要重点掌握的平面图形有三角形、平行四边形(包括长方形、菱形和正方形)、梯形、圆和扇形.从真题考查的题目上来看,还需要重点掌握弓形.

　　从试题分布上分析,单独考查本章考点的题目一般为2道题,主要以考查面积计算和基本公式为主,其中较难的题型有三角形的正余弦定理、三角形的四心五线.

　　本章整体难度较大,学习建议用时为3～4小时.

基本概念

1. 关于角的基础知识.

如图所示,∠1 与 ∠2 是对顶角,对顶角相等;

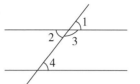

∠1 与 ∠4 是同位角,两直线平行,同位角相等;

∠2 与 ∠4 是内错角,两直线平行,内错角相等;

∠3 与 ∠4 是同旁内角,两直线平行,同旁内角互补.

2. 三角形的概念和分类.

(1) 三角形的概念:由不在同一条直线的三条线段首尾顺次相连所组成的图形叫作三角形.

(2) 三角形的表示:三角形可以用符号"△"表示,顶点是 A,B,C 的三角形,记作 $\triangle ABC$,读作"三角形 ABC". $\triangle ABC$ 的三边可用 a,b,c 表示,顶点 A 所对应的边 BC 用 a 来表示;顶点 B 所对应的边 AC 用 b 来表示;顶点 C 所对应的边 AB 用 c 来表示. 如图所示.

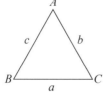

(3) 三角形的分类如下表.

按边的相等关系分类	三边都不等的三角形		
	等腰三角形	底边和腰不相等的三角形	
		等边三角形	
按内角分类	直角三角形		
	斜三角形	锐角三角形、钝角三角形	

3. 中线:三角形中从某边的中点连向对角的顶点的线段.

4. 角平分线:平分三角形一个角的射线与这个角的对边相交,顶点和交点之间的线段叫三角形的一条角平分线.

5. 垂线:当两条直线相交所成的四个角中,有一个角是直角时,即两条直线互相垂直,其中一条直线叫作另一条直线的垂线,交点叫垂足.

6.垂直平分线:又称"中垂线",是指经过某一条线段的中点,并且垂直于这条线段的直线.垂直平分线可以看成到线段两个端点距离相等的点的集合,垂直平分线是线段的一条对称轴.

7.中位线:是平面几何内连接三角形任意两边中点的线段或连接梯形两腰中点的线段.

8.三角形全等:经过翻转、平移、旋转后,能够完全重合的两个三角形叫作全等三角形.它们的三条边及三个角都对应相等.

9.三角形相似:三个角分别相等,三条边对应成比例的两个三角形叫作相似三角形.

10.平行四边形:两组对边分别平行的四边形叫作平行四边形.

11.矩形:有一个角是直角的平行四边形叫作矩形(通常也叫作长方形).

12.菱形:有一组邻边相等的平行四边形叫作菱形.

13.正方形:有一组邻边相等且有一个角是直角的平行四边形叫作正方形.

14.角的弧度制:把圆弧长度和半径的比值称为一个圆周角的弧度.

度与弧度的换算关系:1 弧度 $= \dfrac{180°}{\pi}$,$1° = \dfrac{\pi}{180}$ 弧度.

几个常用的角,如下表.

角度	30°	45°	60°	90°	120°	180°	360°
弧度	$\dfrac{\pi}{6}$	$\dfrac{\pi}{4}$	$\dfrac{\pi}{3}$	$\dfrac{\pi}{2}$	$\dfrac{2\pi}{3}$	π	2π

15.圆:在同一平面内,到定点的距离等于定长的点的集合叫作圆.这个定点叫圆心,定长是圆半径的长度.

16.圆心角:顶点在圆心上的角叫作圆心角,圆心角度数等于所对的弧的度数.

17.圆周角:顶点在圆上,且它的两边分别与圆有另一个交点的角叫作圆周角.

18.弦切角:顶点在圆上,一边和圆相交,另一边和圆相切的角叫作弦切角.弦切角的度数等于它所夹的弧对应的圆心角度数的一半,等于它所夹的弧对应的圆周角度数.

19.扇形:一条圆弧和经过这条圆弧两端的两条半径所围成的图形叫作扇形.

20.弓形:由弦及其所对的弧组成的图形叫作弓形.

📝 公式精讲 ▾

公式组1 三角形的边角关系

▌公式1 角之间的关系

三角形内角之和为 $180°$,外角等于不相邻的两个内角之和.

例1 如图所示,若 $AB//CE,CE = DE$,且 $y = 45°$,则 $x = ($).

A. $45°$ B. $60°$ C. $67.5°$

D. $112.5°$ E. $135°$

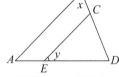

【解析】因为 $AB//CE,CE = DE$,所以 $\angle ECD = \angle EDC = x$,又因为 $y = 45°$,所以 $2x + 45° = 180° \Rightarrow x = 67.5°$.故选 C.

🗒 快速记忆

• 拓展:n 边形内角和为 $(n-2) \times 180°$.

▌公式2 边之间的关系

任意两边之和大于第三边;任意两边之差小于第三边.

例2 已知三角形两边的边长分别是 4 和 10,则此三角形第三边的边长可能是( ).

A. 4 B. 5 C. 6 D. 11 E. 16

【解析】设三角形的第三边的边长为 x,由三角形的三边关系得 $10-4 < x < 10+4$,即 $6 < x < 14$.故选 D.

🗒 快速记忆

• 注意:任意两边之和(之差)的要求意味着要满足三个不等式.

▌公式3 边与角之间的关系

(1) 三角形中,大边对大角,大角对大边. 若 $\angle A \geqslant \angle B \geqslant \angle C$,则 $a \geqslant b \geqslant c$;若 $a \geqslant b \geqslant c$,则 $\angle A \geqslant \angle B \geqslant \angle C$.

(2) 在锐角三角形中,最长边的平方 < 剩余两边的平方和.

在直角三角形中,最长边的平方 = 剩余两边的平方和.

在钝角三角形中,最长边的平方 > 剩余两边的平方和.

例3 在 $\triangle ABC$ 中,$\angle B = 60°$,则 $\frac{c}{a} > 2$.

(1) $\angle C < 90°$.

(2) $\angle C > 90°$.

【解析】有一个角为 60° 的直角三角形三边之比为 $1:\sqrt{3}:2$. 所以当 $\angle C > 90°$ 时,斜边比直角三角形时更长,可以推出 $\frac{c}{a} > 2$ 的结论.故选 B.

公式组 2　三角形的全等和相似

▌**公式 4　三角形的全等**

（1）全等的判定.

SSS（边边边）：三边对应相等的三角形全等.

SAS（边角边）：两边及其夹角对应相等的三角形全等.

ASA（角边角）：两角及其夹边对应相等的三角形全等.

AAS（角角边）：两角及其一角的对边对应相等的三角形全等.

HL（斜边、直角边）：斜边及一条直角边相等的直角三角形全等.

（2）全等的结论.

若两个三角形全等，则两个三角形的对应边、对应角和面积都相等.

例 4　如图所示，在 $\triangle ABC$ 中，D,E 分别是 AB,BC 上的点，若 $\triangle ACE \cong \triangle ADE \cong \triangle BDE$，则 $\angle ABC = (\quad)$.

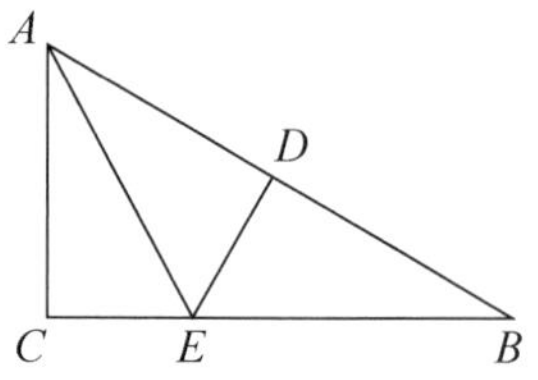

A. $30°$　　　　　B. $35°$

C. $45°$　　　　　D. $60°$

E. $65°$

【解析】因为 $\triangle ACE \cong \triangle ADE \cong \triangle BDE$，所以 $\angle ACE = \angle ADE = \angle EDB$，$\angle CAE = \angle DAE = \angle EBD$，因为 $\angle ADB$ 为平角，所以 $\angle ACE = \angle ADE = \angle EDB = 90°$，所以 $\angle CAE + \angle DAE + \angle EBD = 90°$，故 $\angle ABC = 30°$. 故选 A.

▌**公式 5　三角形的相似**

（1）相似的判定.

三边对应成比例的两个三角形相似.

两角对应相等的两个三角形相似.

两边对应成比例且夹角相等的两个三角形相似.

（2）相似的结论.

若两个三角形相似，则有以下结论：

两个三角形三边对应的比相等(即为相似比): $\dfrac{a_1}{a_2} = \dfrac{b_1}{b_2} = \dfrac{c_1}{c_2} = k$.

两个三角形三个角对应相等.

两个三角形面积比等于边之比的平方(即为相似比的平方): $\dfrac{S_1}{S_2} = k^2$.

(3) 常见的相似模型.

"A" 字型(见图):已知 $B'C'//BC$,则有 $\triangle ABC \backsim \triangle AB'C'$.

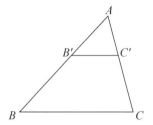

"8" 字型(见图):已知 $A'B'//AB$,则有 $\triangle ABC \backsim \triangle A'B'C$.

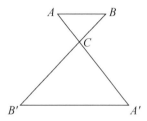

阶梯型(见图):三个三角形都是直角三角形,并且两直角边对应平行.那么这三个直角三角形两两相似.

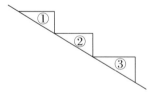

例5 如图所示,在三角形 ABC 中,已知 $EF//BC$,则三角形 AEF 的面积等于梯形 $EBCF$ 的面积.

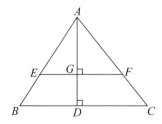

(1) $AG = 2GD$.

(2) $BC = \sqrt{2}EF$.

【解析】本题考查相似三角形，$\triangle AEF \backsim \triangle ABC$，面积比等于相似比的平方，条件(1)：$AG = 2GD$，则 $AG = \dfrac{2}{3}AD$，则 $S_{\triangle AEF} = \dfrac{4}{9}S_{\triangle ABC}$，则 $S_{\triangle AEF} : S_{EBCF} = 4 : 5$，不充分.

条件(2)：$BC = \sqrt{2}EF$，则 $S_{\triangle AEF} = \dfrac{1}{2}S_{\triangle ABC}$，则 $S_{\triangle AEF} : S_{EBCF} = 1 : 1$，充分. 故选 B.

公式组 3 三角形面积

公式 6 相邻三角形定理

三角形基本的面积公式是 $S = \dfrac{1}{2}ah$，当三角形的高相同时，面积的比 = 底的比.

如图所示，$S_{\triangle ABE} : S_{\triangle AEF} : S_{\triangle AFC} = S_1 : S_2 : S_3 = m : n : k.$

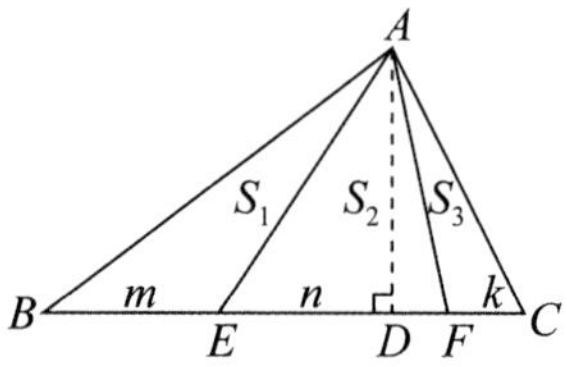

例 6 如图所示，已知 $AE = 3AB$，$BF = 2BC$，若 $\triangle ABC$ 的面积是 2，则 $\triangle AEF$ 的面积是（　　）.

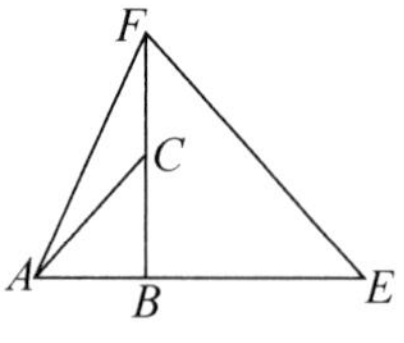

A. 14 B. 12 C. 10 D. 8 E. 6

【解析】根据题意，$\dfrac{S_{\triangle ABF}}{S_{\triangle ABC}} = \dfrac{BF}{BC} = 2$，所以 $S_{\triangle ABF} = 2S_{\triangle ABC}$.

$\dfrac{S_{\triangle AEF}}{S_{\triangle ABF}} = \dfrac{AE}{AB} = 3$，所以 $S_{\triangle AEF} = 3S_{\triangle ABF} = 6S_{\triangle ABC} = 12$. 故选 B.

公式 7 夹角公式

(1) 三角形面积 = 任意两边之积 × 夹角正弦值 ÷ 2，即

$$S = \dfrac{1}{2}ab\sin C = \dfrac{1}{2}bc\sin A = \dfrac{1}{2}ac\sin B.$$

（2）常见角度的三角函数值，如下表.

三角函数＼角度	0°	30°	45°	60°	90°	120°	135°	150°	180°
弧度	0	$\dfrac{\pi}{6}$	$\dfrac{\pi}{4}$	$\dfrac{\pi}{3}$	$\dfrac{\pi}{2}$	$\dfrac{2\pi}{3}$	$\dfrac{3\pi}{4}$	$\dfrac{5\pi}{6}$	π
$\sin\alpha$	0	$\dfrac{1}{2}$	$\dfrac{\sqrt{2}}{2}$	$\dfrac{\sqrt{3}}{2}$	1	$\dfrac{\sqrt{3}}{2}$	$\dfrac{\sqrt{2}}{2}$	$\dfrac{1}{2}$	0
$\cos\alpha$	1	$\dfrac{\sqrt{3}}{2}$	$\dfrac{\sqrt{2}}{2}$	$\dfrac{1}{2}$	0	$-\dfrac{1}{2}$	$-\dfrac{\sqrt{2}}{2}$	$-\dfrac{\sqrt{3}}{2}$	-1
$\tan\alpha$	0	$\dfrac{\sqrt{3}}{3}$	1	$\sqrt{3}$	不存在	$-\sqrt{3}$	-1	$-\dfrac{\sqrt{3}}{3}$	0

例7 已知 $\triangle ABC$ 和 $\triangle A'B'C'$ 满足 $AB:B'C'=BC:A'C'=1:2$，$\angle B+\angle C'=\dfrac{\pi}{2}$，且 $\angle B=2\angle C'$，则 $\triangle ABC$ 和 $\triangle A'B'C'$ 的面积之比为（　　）.

A. $\sqrt{2}:\sqrt{3}$　　B. $\sqrt{3}:4$　　C. $2:3$　　D. $2:5$　　E. $4:9$

【解析】由题目条件可得 $\angle B=60°$，$\angle C'=30°$，运用 $S=\dfrac{1}{2}ab\sin C$ 和 $S=\dfrac{1}{2}ac\sin B$ 可推出两三角形面积比为 $\sqrt{3}:4$. 故选 B.

公式组4　特殊三角形

公式8　等腰三角形

（1）等腰三角形的顶角的角平分线、底边上的中线、底边上的高重合，即"三线合一".

（2）若两腰长为 a，底边长为 b，则高 $h=\sqrt{a^2-\left(\dfrac{b}{2}\right)^2}$.

（3）等边三角形（见图）：$h=\dfrac{\sqrt{3}}{2}a$，即高 $=\dfrac{\sqrt{3}}{2}\times$ 边长. $S=\dfrac{\sqrt{3}}{4}a^2$，即面积 $=\dfrac{\sqrt{3}}{4}\times$ （边长）^{2}.

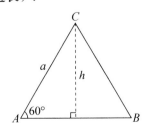

例 8 在等腰三角形 ABC 中，$AB = AC$，$BC = \frac{2\sqrt{2}}{3}$，且 AB，AC 的长分别是方程 $x^2 - \sqrt{2}mx + \frac{3m-1}{4} = 0$ 的两个根，则 $\triangle ABC$ 的面积为（　）.

A. $\frac{\sqrt{5}}{9}$　　B. $\frac{2\sqrt{5}}{9}$　　C. $\frac{5\sqrt{5}}{9}$　　D. $\frac{\sqrt{5}}{3}$　　E. $\frac{\sqrt{5}}{18}$

【解析】已知 AB，AC 的长分别是方程 $x^2 - \sqrt{2}mx + \frac{3m-1}{4} = 0$ 的两个根且 $AB = AC$，所以该一元二次方程有 2 个等根. 所以该方程的判别式等于 0，即 $2m^2 - 3m + 1 = 0$，解得 $m = 1$ 或 $m = \frac{1}{2}$. 当 $m = 1$ 时，代入方程可得 $x = \frac{\sqrt{2}}{2}$，作 $AD \perp BC$，可得 $CD = \frac{\sqrt{2}}{3}$，根据勾股定理得 $AD = \sqrt{AC^2 - CD^2} = \frac{\sqrt{10}}{6}$，代入三角形面积计算公式得 $S = \frac{1}{2} \times \frac{2\sqrt{2}}{3} \times \frac{\sqrt{10}}{6} = \frac{\sqrt{5}}{9}$. 当 $m = \frac{1}{2}$ 时，根据三边关系可得，不能构成三角形. 故选 A.

■ 重点提炼

• 关于直角三角形：要掌握斜边上的高的求法、勾股定理以及两种特殊的直角三角形三边的比例关系.

▌公式 9　直角三角形(见图)

(1) 勾股定理：$a^2 + b^2 = c^2$.

(2) 常用的勾股数：(3, 4, 5)；(6, 8, 10)；(5, 12, 13).

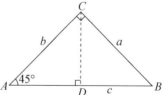

(3) 直角三角形面积.

$$S_{Rt\triangle ABC} = \frac{1}{2}AB \cdot CD = \frac{1}{2}AC \cdot BC，即 AB \cdot CD = AC \cdot BC.$$

(4) 如图所示，等腰直角三角形三边之比：$a : b : c = 1 : 1 : \sqrt{2}$.

(5) 如图所示，有一个角是 30° 的直角三角形三边之比为 $a : b : c = 1 : \sqrt{3} : 2$.

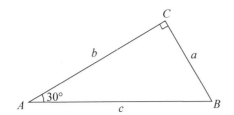

(6) 如图所示,在 Rt△ABC 中,∠ABC = 90°,BD 是斜边 AC 上的高,则有射影定理如下:

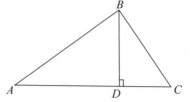

$BD^2 = AD \cdot CD$.

$AB^2 = AC \cdot AD$.

$BC^2 = CD \cdot AC$.

例9 已知等腰直角三角形 ABC 和等边三角形 BDC(见图),设 △ABC 的周长为 $2\sqrt{2} + 4$,则 △BDC 的面积是( ).

A. $3\sqrt{2}$ B. $6\sqrt{2}$ C. 12

D. $2\sqrt{3}$ E. $4\sqrt{3}$

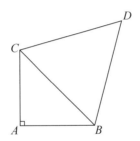

【解析】根据等腰直角三角形的性质,$BC = \sqrt{2}AB = \sqrt{2}AC$,又因为 △ABC 的周长为 $2\sqrt{2} + 4$,所以 $BC = 2\sqrt{2}$. 因为三角形 BDC 是等边三角形,所以 △BDC 的面积是 $\frac{\sqrt{3}}{4}BC^2 = 2\sqrt{3}$. 故选 D.

例10 在直角三角形中,若斜边与一直角边的和为 8,差为 2,则另一直角边的长度是( ).

A. 3   B. 4   C. 5   D. 10   E. 9

【解析】根据题意,斜边长为 $(8+2) \div 2 = 5$,一直角边长度为 $(8-2) \div 2 = 3$. 根据勾股定理,另一直角边的长度为 4. 故选 B.

公式组 5 三角形的正余弦定理

公式 10 正弦定理

(1) $\frac{a}{\sin A} = \frac{b}{\sin B} = \frac{c}{\sin C} = 2R$,其中 R 是三角形外接圆半径.

（2）正弦定理变形公式：

$a : b : c = \sin A : \sin B : \sin C$；

$a = 2R\sin A, b = 2R\sin B, c = 2R\sin C$；

$\sin A = \dfrac{a}{2R}, \sin B = \dfrac{b}{2R}, \sin C = \dfrac{c}{2R}$.

变形为以上形式，以解决不同的三角形问题.

例 11 $\triangle ABC$ 中，角 A, B, C 对应的边分别为 a, b, c，若 $a = \sqrt{3}, c = 1, \angle A = 60°$，则 $\angle C = ($ $)$.

A. $15°$ B. $30°$ C. $45°$ D. $60°$ E. $90°$

【解析】根据正弦定理，$\dfrac{a}{\sin A} = \dfrac{c}{\sin C}$，解得 $\sin C = \dfrac{1}{2}$，所以 $\angle C = 30°$. 故选 B.

公式 11　余弦定理

（1）

$$a^2 + b^2 - c^2 = 2ab\cos C.$$
$$b^2 + c^2 - a^2 = 2bc\cos A.$$
$$a^2 + c^2 - b^2 = 2ac\cos B.$$

（2）余弦定理变形公式：

$$\cos A = \frac{b^2 + c^2 - a^2}{2bc}.$$

$$\cos B = \frac{a^2 + c^2 - b^2}{2ac}.$$

$$\cos C = \frac{a^2 + b^2 - c^2}{2ab}.$$

例 12 在三角形 ABC 中，内角 A, B, C 所对应的边分别为 a, b, c，已知 $a > b, a = 5, c = 6, \sin B = \dfrac{3}{5}$，则 $b = ($ $)$.

A. $2\sqrt{2}$ B. 3 C. $\sqrt{10}$ D. $2\sqrt{3}$ E. $\sqrt{13}$

【解析】因为 $a > b$，所以 $\cos B = \dfrac{4}{5}$，即 $\dfrac{a^2 + c^2 - b^2}{2ac} = \dfrac{4}{5}$，解得 $b = \sqrt{13}$. 故选 E.

公式组 6　三角形的四心五线

公式 12　中线和重心

重心：三条中线的交点，如图所示.

重点提炼

• 四心五线 ＝ 四心四线 ＋ 中位线.

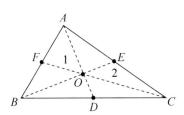

- 四心四线的对应关系为角平分线 → 内心；中垂线 → 外心；中线 → 重心；垂线 → 垂心.

- 垂心和垂线了解定义即可.

性质：① 重心分中线上下两部分之比为 2∶1.

② 重心平分三角形面积，即 $S_{\triangle ABO} = S_{\triangle BOC} = S_{\triangle COA} = \frac{1}{3} S_{\triangle ABC}$.

 例 13 如图所示，D,E 是 $\triangle ABC$ 中 BC 边的三等分点，F 是 AC 的中点，AD 与 EF 交于 O，则 $OF∶OE =$（ ）.

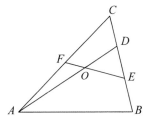

    A. $1∶2$ B. $1∶3$

    C. $3∶4$ D. $9∶10$

    E. $2∶3$

【解析】 连接 AE，如图所示. 由于 F 是 AC 的中点，D 是 CE 的中点，因此 O 是 $\triangle CAE$ 的重心，所以 $OF∶OE = 1∶2$. 故选 A.

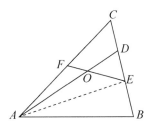

公式 13 角平分线和内心

内心：内切圆圆心，也是三条角平分线的交点，如图所示.

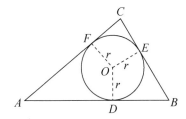

（1）三角形内心到各边距离相等，均等于内切圆半径.

（2）三角形面积 $S = \frac{1}{2}(a+b+c) \cdot r$.

（3）直角三角形中，内切圆半径 $r_{内} = \frac{a+b-c}{2}$（两直角边相加减去斜边的差除以 2）.

例 14 如图所示，圆 O 是 $\triangle ABC$ 的内切圆，若 $\triangle ABC$ 的面积与周长的大小之比为 1∶2，则圆 O 的面积为（ ）.

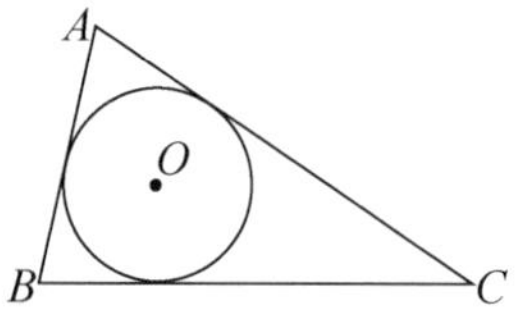

A. π B. 2π C. 3π D. 4π E. 5π

【解析】设内切圆半径为 r,三角形周长和面积分别为 C 和 S,根据内切圆的性质有 $S = \dfrac{1}{2}Cr$,且 $S : C = 1 : 2$,则 $r = 1$,所以圆的面积为 π. 故选 A.

■ 公式 14　中垂线和外心

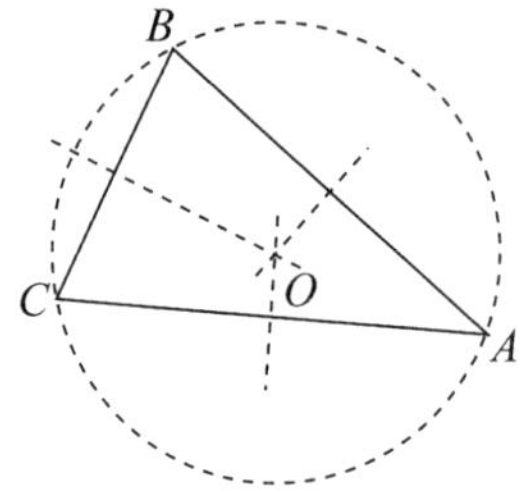

外心:外接圆圆心,三条边的垂直平分线(中垂线)的交点,如图所示.

性质:① 外心到各顶点距离相等;

② 直角三角形的外心为斜边中点;

③ 直角三角形斜边中点到各顶点距离相等.

例15 若等腰直角三角形的外接圆半径的长为 2,则其内切圆半径的长为(　　).

A. $\sqrt{2}$ B. $2\sqrt{2} - 2$ C. $2 - \sqrt{2}$ D. $\sqrt{2} - 1$ E. $\sqrt{2} - 2$

【解析】根据题意可知斜边长为 4,两直角边长都为 $2\sqrt{2}$,则其内切圆半径的长为 $\dfrac{2\sqrt{2} + 2\sqrt{2} - 4}{2} = 2\sqrt{2} - 2$. 故选 B.

■ 公式 15　中位线

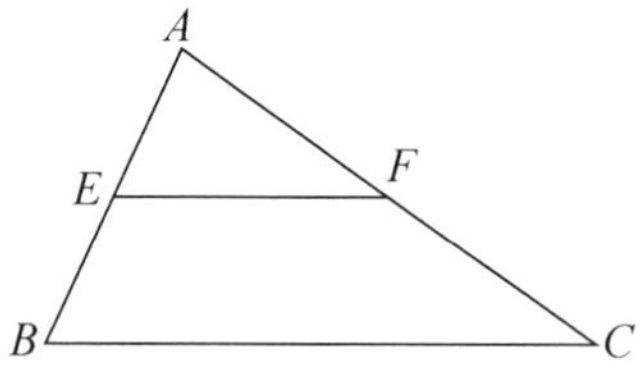

(1) 如图所示,连接三角形两边中点的线段叫作三角形的中位线,EF 平行于 BC,$EF = \dfrac{1}{2}BC$.

(2) 三角形的三条中位线将三角形分成面积相等的四份.

例16 如图所示,在 Rt$\triangle ABC$ 中,$\angle ACB = 90°$,点 D,E 分别是 AB,BC 的中点,点 F 是 BD 的中点,若 $AB = 5$,则 $EF = ($　　$)$.

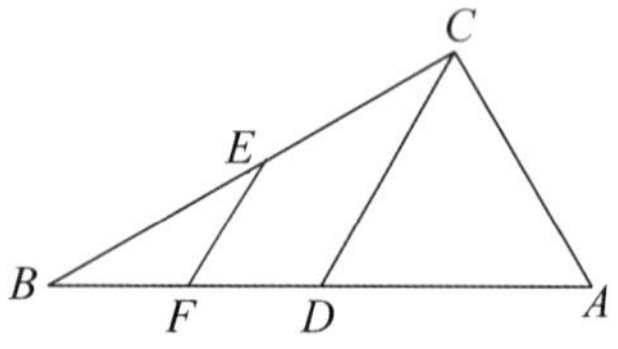

A. $\dfrac{5}{4}$ B. $\dfrac{5}{2}$ C. $\dfrac{3}{2}$ D. 2   E. $\dfrac{4}{3}$

【解析】在 Rt$\triangle ABC$ 中,$\angle ACB = 90°$,点 D 是 AB 的中点,$AB = 5$,所以 $CD = \dfrac{1}{2}AB = \dfrac{5}{2}$. 因为点 E,F 分别是 BC,BD 的中点,所以 $EF = \dfrac{1}{2}CD = \dfrac{5}{4}$. 故选 A.

公式组 7   四边形

公式 16   平行四边形

(1) 两条对角线 AC 和 BD 互相平分.

(2) 两条对角线 AC 和 BD 将整个平行四边形面积四等分.

(3) 平行四边形面积 = 底 × 高.

(4) 平行四边形周长 = 两邻边之和 × 2.

(5) 过平行四边形中心(对角线交点)的任意一条直线都可以平分平行四边形的面积.

例 17 将一张平行四边形的纸片折一次,使得折痕平分这个平行四边形的面积,这样的折纸方法共有( ).

A. 1 种   B. 2 种   C. 4 种   D. 6 种   E. 无数种

【解析】因为平行四边形是中心对称图形,任意一条过平行四边形对角线交点的直线都平分平行四边形的面积,则这样的折纸方法共有无数种. 故选 E.

例 18 如图所示,在平行四边形 $ABCD$ 中,已知 $\angle ODA = 90°$,$AC = 10$ cm,$BD = 6$ cm,则 AD 的长为( )cm.

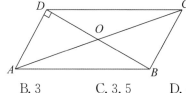

A. 2   B. 3   C. 3.5   D. 4   E. 4.2

【解析】因为四边形 $ABCD$ 是平行四边形,$AC = 10$ cm,$BD = 6$ cm,所以 $OA = OC = \dfrac{1}{2}AC = 5$ cm,$OB = OD = \dfrac{1}{2}BD = 3$ cm. 因为 $\angle ODA = 90°$,所以 $AD = \sqrt{OA^2 - OD^2} = 4$ cm. 故选 D.

• 关于四边形,主要掌握不同四边形面积公式以及与面积相关的结论即可.

公式 17　长方形（见图）

(1) 周长 $= 2(a+b)$.

(2) 面积 $= ab$.

(3) 对角线 $= \sqrt{a^2+b^2}$.

(4) 平行四边形的所有性质都满足.

(5) 矩形的对角线相等.

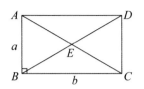

例 19 如图所示,在长方形 $AECD$ 中,$AD=10,CD=12,B$ 在 AE 的延长线上,BD 交 CE 于 F,$\triangle CFB$ 的面积为 24,则 $\triangle FEB$ 的面积等于(　　).

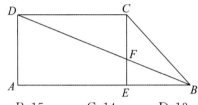

A. 16　　　B. 15　　　C. 14　　　D. 13　　　E. 12

【解析】　$S_{\triangle BCD} = DC \times EC \div 2 = 12 \times 10 \div 2 = 60$,

$S_{\triangle DCF} = S_{\triangle DBC} - S_{\triangle CFB} = 60 - 24 = 36$.

因为 $S_{\triangle DCF} = DC \times CF \div 2$,所以 $12 \times CF \div 2 = 36$,$CF = 6$,$EF = CE - CF = 10 - 6 = 4$.

又由 $S_{\triangle BCF} = CF \times EB \div 2 = 6 \times EB \div 2 = 24$,$EB = 8$,所以 $S_{\triangle EFB} = EF \times EB \div 2 = 4 \times 8 \div 2 = 16$.

综上所述,故选 A.

公式 18　菱形（见图）

(1) 两条对角线 AC 和 BD 互相垂直且平分.

(2) 菱形面积等于对角线乘积的一半,即 $S = \dfrac{1}{2} l_1 l_2$.

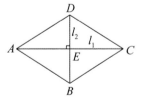

例 20 若菱形两条对角线的长分别为 6 和 8,则这个菱形的周长和面积分别为(　　).

A. 14;24　　　　　B. 14;48

C. 20;12　　　　　D. 20;24

E. 20;48

【解析】因为菱形对角线互相垂

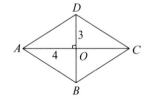

直且平分,所以如图所示,$AO = 4$,$DO = 3$,在 Rt$\triangle AOD$ 中,根据勾股定理可得 $AD = 5$,所以,周长 $= 5 \times 4 = 20$,面积 $= \frac{1}{2} \times 6 \times 8 = 24$.故选 D.

公式 19　正方形（见图）

(1) 对角线 $AC = BD = \sqrt{2}a$.

(2) 面积 $S = a^2$.

(3) 性质.

① 对角线互相垂直,对角线相等且互相平分,每条对角线平分一组对角.

② 既是中心对称图形,又是轴对称图形(有四条对称轴).

③ 正方形的一条对角线把正方形分成两个全等的等腰直角三角形.

④ 对角线与边的夹角是 $45°$.

⑤ 正方形的两条对角线把正方形分成四个全等的等腰直角三角形.

⑥ 正方形具有平行四边形、菱形、矩形的一切性质与特性.

例 21 某区有东、西两个正方形广场,面积共 1 440 m^2,已知东广场的一边等于西广场周长的 $\frac{3}{4}$,则东广场的边长为(　　).

A. 8 m　　　B. 12 m　　　C. 24 m　　　D. 36 m　　　E. 40 m

【解析】设东广场边长为 a,西广场边长为 b,则 $a = \frac{3}{4} \times 4b = 3b$.所以有 $(3b)^2 + b^2 = 1 440$,$b = 12$,$a = 36$.故选 D.

公式 20　梯形

梯形 $ABCD$ 如图所示,$AB // CD$,E,F 分别为 AD,BC 的中点.

(1) EF 平行于上底和下底,$EF = \frac{1}{2}(a+b)$.

(2) 面积:$S = \frac{(a+b) \cdot h}{2} = $ 中位线 $\times$ 高.

(3) 性质.

① $\dfrac{S_1}{S_2} = \left(\dfrac{a}{b}\right)^2$.

② $S_3 = S_4$.

③ $S_1 \cdot S_2 = S_3 \cdot S_4$.

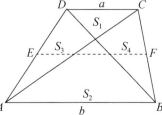

例22 如图所示,梯形 $ABCD$ 的上底与下底分别为 $5,7,E$ 为 AC 和 BD 的交点,MN 过点 E 且平行于 AD,则 $MN=($　$)$.

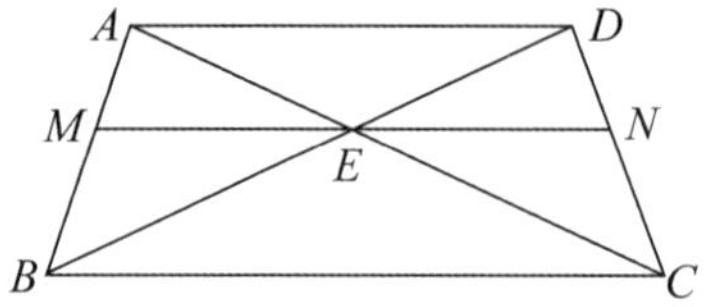

A. $\dfrac{26}{5}$　　B. $\dfrac{11}{2}$　　C. $\dfrac{35}{6}$　　D. $\dfrac{36}{7}$　　E. $\dfrac{40}{7}$

【解析】$\dfrac{BC}{ME}=\dfrac{AC}{AE}=\dfrac{AE+EC}{AE}=1+\dfrac{EC}{AE}=1+\dfrac{BC}{AD}=$

2.4,故 $ME=7\div 2.4=\dfrac{35}{12}$,$MN=2ME=\dfrac{35}{6}$.故选 C.

公式组 8　圆和扇形

公式21　圆的周长和面积

周长为 $C=2\pi r$.

面积为 $S=\pi r^2$.

例23 圆的面积增大到原来的 9 倍.

(1) 圆的半径增大到原来的 3 倍.

(2) 圆的周长增大到原来的 3 倍.

【解析】圆原来的面积 $S=\pi R^2$,增大后的面积 $S'=9S=$ $9\pi R^2=\pi (3R)^2$,则半径扩大 3 倍,条件(1) 和条件(2) 都是半径增大到原来的 3 倍,故单独都充分.故选 D.

公式22　圆心角和圆周角

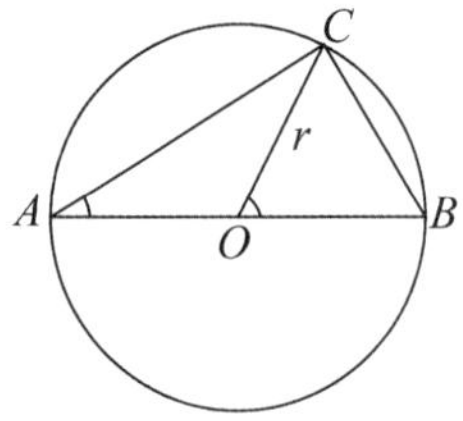

如图所示,$\angle COB$ 为圆心角,$\angle CAB$ 为圆周角.

同弧所对应的圆心角等于圆周角的 2 倍,即 $\angle COB=2\angle CAB$.

例24 如图所示,$\odot O$ 是 $\triangle ABC$ 的外接圆,$\angle BOC=120°$,则 $\angle BAC$ 的度数是($　$).

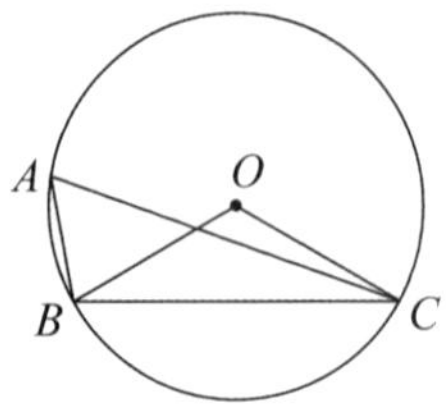

A. $120°$　　B. $80°$　　C. $60°$

D. $45°$　　E. $30°$

【解析】$\angle BAC=\dfrac{1}{2}\angle BOC=\dfrac{1}{2}\times$

$120°=60°$.故选 C.

公式 23 扇形面积和周长

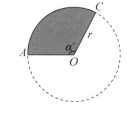

(1) 扇形弧长：$l = \dfrac{\alpha°}{360°} \times 2\pi r$.

(2) 扇形周长：$C = l + 2r$.

(3) 扇形面积：$S = \dfrac{\alpha°}{360°} \times \pi r^2 = \dfrac{1}{2} lr$.

例 25 如图所示，AB 是半圆 O 的直径，AC 是弦. 若 $AB = 6$，$\angle ACO = \dfrac{\pi}{6}$，则弧 BC 的长度为（　　）.

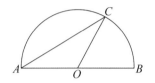

A. $\dfrac{\pi}{3}$　　　　B. π　　　　C. 2π　　　　D. 1　　　　E. 2

【解析】$\angle COB = \angle CAO + \angle ACO = 2\angle ACO = 60°$，所以弧 $BC = \pi \cdot 6 \cdot \dfrac{60°}{360°} = \pi$. 故选 B.

公式 24 弓形面积

如图所示，$S_{弓形} = S_{扇形AOC} - S_{\triangle AOC}$.

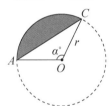

例 26 如图所示，BC 是半圆直径，且 $BC = 4$，$\angle ABC = 30°$，则图中阴影部分的面积为（　　）.

A. $\dfrac{4\pi}{3} - \sqrt{3}$　　　　B. $\dfrac{4\pi}{3} - 2\sqrt{3}$

C. $\dfrac{2\pi}{3} + \sqrt{3}$　　　　D. $\dfrac{4\pi}{3} + 2\sqrt{3}$

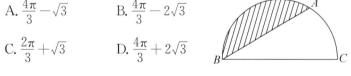

E. $2\pi - 2\sqrt{3}$

【解析】如图所示，$S_{阴} = S_{扇形AOB} - S_{\triangle AOB} = \pi \times 2^2 \times \dfrac{1}{3} - \dfrac{1}{2} \times$

$2 \times 2 \times \sin \angle AOB = \dfrac{4\pi}{3} - \sqrt{3}$. 故选 A.

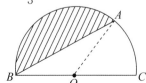

✏ 公式导图 ▾

三角形的边角关系 ⎰ 角之间的关系
　　　　　　　　⎱ 边之间的关系
　　　　　　　　　 边与角之间的关系

三角形的全等和相似 ⎰ 三角形的全等
　　　　　　　　　⎱ 三角形的相似

三角形面积 ⎰ 相邻三角形定理
　　　　　⎱ 夹角公式

特殊三角形 ⎰ 等腰三角形
　　　　　⎱ 直角三角形

三角形的正余弦定理 ⎰ 正弦定理
　　　　　　　　　⎱ 余弦定理

平面几何

三角形的四心五线 ⎰ 中线和重心
　　　　　　　　 角平分线和内心
　　　　　　　　 中垂线和外心
　　　　　　　　⎱ 中位线

四边形 ⎰ 平行四边形
　　　 长方形
　　　 菱形
　　　 正方形
　　　⎱ 梯形

圆和扇形 ⎰ 圆的周长和面积
　　　　 圆心角和圆周角
　　　　 扇形面积和周长
　　　　⎱ 弓形面积

✏ 公式演练 ▾

1. 如图所示，梯形 $ABCD$ 被对角线分成 4 个小三角形，已知 $\triangle AOB$ 和 $\triangle BOC$ 的面积分别为 $25,35$，那么梯形的面积是（　　）.

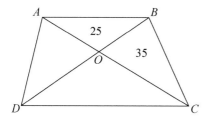

   A. 120　　　B. 130　　　C. 135　　　D. 140　　　E. 144

2. 已知菱形的一条对角线是另一条对角线的 2 倍，且面积为 S，则这个菱形的边长为（　　）.

   A. $\dfrac{\sqrt{S}}{2}$　　　　　　B. $\dfrac{\sqrt{3S}}{2}$　　　　　　C. $\dfrac{\sqrt{5S}}{2}$

   D. $\dfrac{\sqrt{6S}}{2}$　　　　　　E. $\dfrac{\sqrt{7S}}{2}$

3. 如图所示，D 为 $\triangle ABC$ 内一点，CD 平分 $\angle ACB$，$BE \perp CD$，垂足为 D，交 AC 于点 E，$\angle A = \angle ABE$，$AC = 5$，$BC = 3$，则 BD 的长为（　　）.

   A. 1　　　　　　B. 1.5

   C. 2　　　　　　D. 2.5

   E. 3

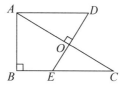

4. 如图所示，在 $\triangle ABC$ 中，$\angle ABC = 90°$，DE 垂直平分 AC，垂足为 O，$AD // BC$，且 $AB = 6$，$AC = 10$，则 AD 的长为（　　）.

   A. $\dfrac{25}{4}$　　　　　　B. $\dfrac{25}{8}$

   C. $\dfrac{15}{4}$　　　　　　D. $\dfrac{15}{8}$

   E. 5

5. 如图所示，两圆的半径都是 1 cm，且图中两个阴影部分的面积相等，则长方形 ABO_1O 的面积约为（　　）cm^2．$(\pi \approx 3.14)$

   A. 0.79　　　　　　B. 1.57

   C. 2　　　　　　　D. 2.12

   E. 2.34

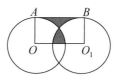

6. 如图所示, A,B 是两个扇形所在圆的圆心, 那么两个阴影部分
（Ⅰ、Ⅱ）的面积差是（　　）.

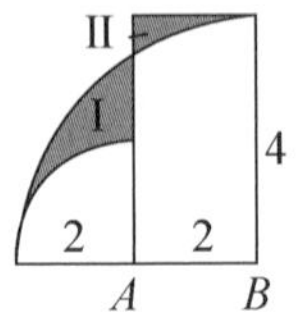

A. $\pi - 2$　　　　　　　　B. $4 - \pi$

C. $3\pi - 8$　　　　　　　　D. 2

E. 4

7. 如图所示, EF 为梯形 $ABCD$ 的中位线, 若 $\triangle ACD$ 与 $\triangle ABC$
的面积比为 $1:2$, 则梯形 $CDEF$ 与梯形 $BAEF$ 的面积比
为（　　）.

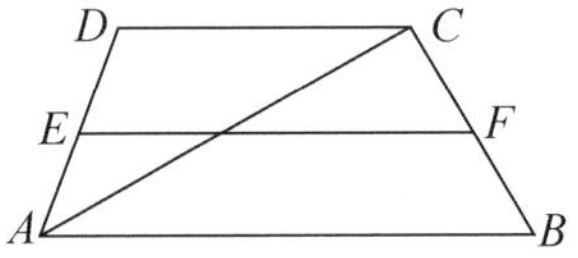

A. $1:2$　　B. $5:7$　　C. $4:5$　　D. $7:9$　　E. $3:4$

8. 若某直角三角形的外接圆面积为 4π, 则该直角三角形面积的
最大值为（　　）.

A. $2\sqrt{2}$　　B. 4　　C. $4\sqrt{2}$　　D. 5　　E. 8

9. 已知一个直角三角形的面积为 24, 并且两直角边的和为 14, 那
么该直角三角形的外接圆面积和内切圆面积的比为（　　）.

A. $9:1$　　B. $25:4$　　C. $16:1$　　D. $9:4$　　E. $5:2$

10. 已知三角形 ABC 的面积为 4, A_1, B_1, C_1 分别是三角形 ABC
的各边中点, A_2, B_2, C_2 分别是三角形 $A_1B_1C_1$ 的各边中点,
依次下去, 得到三角形序列 $A_n B_n C_n (n = 1, 2, 3, \cdots)$. 设
$A_n B_n C_n$ 的面积是 S_n, 则 $S_1 + S_2 + S_3 + \cdots = $（　　）.

A. $\dfrac{1}{3}$　　B. $\dfrac{4}{3}$　　C. $\dfrac{16}{3}$　　D. $\dfrac{3}{4}$　　E. $\dfrac{1}{4}$

11. 如图所示, 把矩形纸片 $ABCD$ 折叠, 使
点 B 落在点 D 处. 已知 $AB = 16$,
$AD = 12$, 则折痕 EF 的长为（　　）.

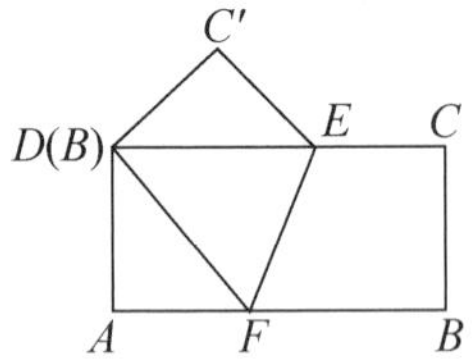

A. 9　　B. 12　　C. 15

D. 10　　E. 13

12. 有一个角是 $30°$ 的直角三角形的短直角边长为 a, 则它的内切
圆的半径为（　　）.

A. $\dfrac{1}{2}a$　　　　　　　　B. $\dfrac{\sqrt{3}}{2}a$　　　　　　　　C. a

D. $\dfrac{\sqrt{3}+1}{2}a$　　　　　　　　E. $\dfrac{\sqrt{3}-1}{2}a$

13. 如图所示,圆 O 的内接 $\triangle ABC$,底边 $BC = 6$,$\angle A$ 为 $\dfrac{\pi}{4}$,则圆的面积为( ).

  A. 12π B. 16π

  C. 18π D. 32π

  E. 36π

14. 在三角形 ABC 中,$AB = 4$,$AC = 6$,$BC = 8$,D 为 BC 的中点,则 $AD = ($).

  A. $\sqrt{11}$ B. $\sqrt{10}$ C. 3   D. $2\sqrt{2}$ E. $\sqrt{7}$

15. 如图所示,在扇形 AOB 中,$\angle AOB = \dfrac{\pi}{4}$,$OA = 1$,$AC \perp OB$,则阴影部分面积为( ).

  A. $\dfrac{\pi}{8} - \dfrac{1}{4}$ B. $\dfrac{\pi}{8} - \dfrac{1}{8}$

  C. $\dfrac{\pi}{4} - \dfrac{1}{2}$ D. $\dfrac{\pi}{4} - \dfrac{1}{4}$

  E. $\dfrac{\pi}{4} - \dfrac{1}{8}$

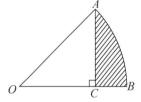

16. 如图所示,在直角三角形 ABC 中,$AC = 4$,$BC = 3$,$DE /\!/ BC$,已知梯形 $BCED$ 的面积为 3,则 DE 长为( ).

  A. $\sqrt{3}$ B. $\sqrt{3} + 1$

  C. $4\sqrt{3} - 4$ D. $\dfrac{3\sqrt{2}}{2}$

  E. $\sqrt{2} + 1$

17. 如图所示,在直角三角形 ABC 区域内部有座山,现计划从 BC 边上的某点 D 开凿一条隧道到点 A,要求隧道长度最短,已知 AB 长为 5 km,AC 长为 12 km,则所开凿的隧道 AD 的长度约为( ).

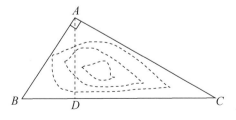

  A. 4.12 km   B. 4.22 km   C. 4.42 km

  D. 4.62 km   E. 4.92 km

18. 如图所示,四边形 $ABCD$ 是边长为 1 的正方形,弧 AOB,弧 BOC,弧 COD,弧 DOA 均为半圆,则阴影部分的面积为( ).

A. $\dfrac{1}{2}$ B. $\dfrac{\pi}{2}$

C. $1-\dfrac{\pi}{4}$ D. $\dfrac{\pi}{2}-1$

E. $2-\dfrac{\pi}{2}$

19. 如图所示,正方形 $ABCD$ 四条边与圆 O 相切,而正方形 $EFGH$ 是圆 O 的内接正方形.已知正方形 $ABCD$ 面积为 4,则正方形 $EFGH$ 面积是( ).

A. $\dfrac{2}{3}$ B. 2

C. $\dfrac{\sqrt{2}}{2}$ D. $\dfrac{\sqrt{2}}{3}$

E. $\dfrac{1}{4}$

20. 已知 $\triangle ABC$ 和 $\triangle A'B'C'$ 满足 $AB:A'B'=AC:A'C'=2:3$,$\angle A+\angle A'=\pi$,则 $\triangle ABC$ 和 $\triangle A'B'C'$ 的面积比为( ).

A. $\sqrt{2}:\sqrt{3}$ B. $\sqrt{3}:\sqrt{5}$ C. $2:3$ D. $2:5$ E. $4:9$

参考答案与解析

答案速查: 1~5 ECAAB 6~10 CBBBB 11~15 CECBA 16~20 DDEBE

1. E 【解析】本题运用公式 20. 如图所示,由于 $\triangle AOB$ 与 $\triangle BOC$ 等高,故 $\dfrac{S_{\triangle AOB}}{S_{\triangle BOC}}=$

$\dfrac{AO}{OC}=\dfrac{25}{35}=\dfrac{5}{7}$,又因为 $\triangle AOB \backsim \triangle COD$,则面积之比等于相似比的平方,故 $\dfrac{S_{\triangle AOB}}{S_{\triangle COD}}=$

$\left(\dfrac{5}{7}\right)^2=\dfrac{25}{49}$,由于 $S_{\triangle AOB}=25$,故 $S_{\triangle COD}=49$,同理可知 $S_{\triangle AOD}=35$,故

$$S_{梯形}=35+25+35+49=144.$$

故选 E.

2. C 【解析】本题运用公式 18. 如图所示,设 $AC=a$,$BD=2a$,则

$\dfrac{2a \times a}{2}=a^2=S$,$a=\sqrt{S}$,$OC=\dfrac{a}{2}$,$OD=a$,则

$$DC=\sqrt{OC^2+OD^2}=\sqrt{\left(\dfrac{a}{2}\right)^2+a^2}=\dfrac{\sqrt{5}}{2}a=\dfrac{\sqrt{5S}}{2}.$$

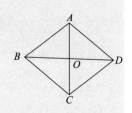

故选 C.

3. A　【解析】本题运用公式 8. 因为 CD 平分 $\angle ACB$，$BE \perp CD$，所以 $BC = CE = 3$. 又因为 $\angle A = \angle ABE$，所以 $AE = BE$，$BD = \dfrac{1}{2}BE = \dfrac{1}{2}AE = \dfrac{1}{2}(AC - CE) = 1$. 故选 A.

4. A　【解析】本题运用公式 5. 在 $\text{Rt}\triangle ABC$ 中，$AB = 6$，$AC = 10$，则 $BC = 8$，因为 DE 垂直平分 AC，垂足为 O，所以 $OA = \dfrac{1}{2}AC = 5$，$\angle AOD = \angle B = 90°$. 因为 $AD /\!/ BC$，所以 $\angle CAD = \angle C$，所以 $\triangle AOD \backsim \triangle CBA$，$\dfrac{AD}{AC} = \dfrac{OA}{BC}$，$AD = \dfrac{25}{4}$. 故选 A.

5. B　【解析】本题运用公式 23. 因为图中两个阴影部分的面积相等，因此长方形的面积等于两个 $\dfrac{1}{4}$ 圆的面积，面积约为 $\dfrac{1}{2}\pi \times 1^2 \approx 1.57\,(\text{cm}^2)$. 故选 B.

6. C　【解析】本题运用公式 17 和公式 23. 设以 A，B 为圆心半径分别为 2，4 的圆的四分之一的面积为 S_1，S_2，矩形中空白的面积为 S，则 $S_{\text{I}} = S_2 - S_1 - S$，$S_{\text{II}} = 2 \times 4 - S$，故 $S_{\text{I}} - S_{\text{II}} = S_2 - S_1 - S - (2 \times 4 - S) = S_2 - S_1 - 8 = 3\pi - 8$. 故选 C.

7. B　【解析】本题运用公式 20. 因为 EF 是中位线，所以 $EF = \dfrac{1}{2}(AB + CD)$，又因 $S_{\triangle ACD} : S_{\triangle ABC} = 1 : 2$，所以 $CD : AB = 1 : 2$，故 $EF = \dfrac{3}{2}CD$，则 $S_{\text{梯形}CDEF} : S_{\text{梯形}BAEF} = (CD + EF) : (EF + AB) = \dfrac{5}{2}CD : \dfrac{7}{2}CD = 5 : 7$. 故选 B.

8. B　【解析】本题运用公式 14. 该直角三角形外接圆的面积为 4π，所以该圆的直径为 4，直角三角形外接圆直径为斜边长. 所以该直角三角形斜边长为 4，斜边中线长为 2. 当斜边中线垂直于斜边时，该直角三角形面积取最大值，为 $4 \times 2 \div 2 = 4$. 故选 B.

9. B　【解析】本题运用公式 13 和公式 14. 设两直角边为 x 和 y，则 $xy = 24 \times 2 = 48$，$x + y = 14$，解得两直角边分别为 6 和 8，所以该直角三角形的斜边长为 10. 设内切圆半径为 r，直角三角形周长为 C，面积为 S，则有 $S = \dfrac{1}{2}Cr$，所以 $r = 2$. 外接圆的半径等于斜边的一半，即半径为 5. 所以两圆面积的比等于半径比的平方，即 $25 : 4$. 故选 B.

10. B　【解析】本题运用公式 15. 内层三角形面积是外层 $\dfrac{1}{4}$，所以该无穷递减等比数列的首项为 $4 \times \dfrac{1}{4} = 1$，公比为 $\dfrac{1}{4}$，所以所求表达式为 $\dfrac{1}{1 - \dfrac{1}{4}} = \dfrac{4}{3}$. 故选 B.

11. C　【解析】本题运用公式 9 和公式 17. 如图所示，设 $EC = x$，则 $C'E = x$，$DE = 16 - x$，$DC' = BC = 12$，所以 $x^2 + 12^2 = (16 - x)^2$，解得 $x = \dfrac{7}{2}$. 过点 E 作 $EM \perp BF$ 于点 M，$FM = AB - 2x = 9$，所以 $EF = \sqrt{FM^2 + ME^2} =$

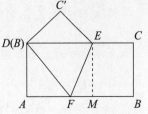

15. 故选 C.

12. E 【解析】本题运用公式 13. 有一个角是 $30°$ 的直角三角形的三边比例关系是 $1:\sqrt{3}:2$,所以三边为 $a,\sqrt{3}a,2a$. 直角三角形内切圆半径为两直角边之和减去斜边之差的一半. 故选 E.

13. C 【解析】本题运用公式 10. 设外接圆的半径为 R,根据正弦定理知,$\dfrac{BC}{\sin A}=2R$,所以 $R=3\sqrt{2}$. 所以该圆的面积为 18π. 故选 C.

14. B 【解析】本题运用公式 11. 设 $AD=x$,由余弦定理得

$$\cos\angle ACD=\frac{6^2+4^2-x^2}{2\times4\times6},\cos\angle ACB=\frac{6^2+8^2-4^2}{2\times6\times8},$$

且 $\cos\angle ACD=\cos\angle ACB$,解得 $x=\sqrt{10}$. 故选 B.

15. A 【解析】本题运用公式 24. $S_{阴}=S_{扇形}-S_{三角形}$,扇形面积为圆面积的 $\dfrac{1}{8}$,即为 $\dfrac{\pi}{8}$;三角形 AOC 为等腰直角三角形,$OC=\dfrac{\sqrt{2}}{2}\times OA=\dfrac{\sqrt{2}}{2}$,$S_{三角形}=\dfrac{1}{2}\times\dfrac{\sqrt{2}}{2}\times\dfrac{\sqrt{2}}{2}=\dfrac{1}{4}$,故所求阴影部分面积为 $\dfrac{\pi}{8}-\dfrac{1}{4}$. 故选 A.

16. D 【解析】本题运用公式 5. $S_{\triangle ADE}=S_{\triangle ABC}-S_{梯形BCED}=\dfrac{3\times4}{2}-3=3$,$\dfrac{DE}{BC}=$

$$\sqrt{\frac{S_{\triangle ADE}}{S_{\triangle ABC}}}=\sqrt{\frac{1}{2}},DE=\sqrt{\frac{1}{2}}BC=\frac{3\sqrt{2}}{2}.\ 故选\ D.$$

17. D 【解析】本题运用公式 9. 直线外一点到直线垂线距离最短,故 $AD\perp BC$ 时距离最短,AD 为直角三角形 ABC 斜边上的高,由面积法得 $AD=5\times12\div13\approx4.62(\text{km})$. 故选 D.

18. E 【解析】本题运用公式 19 和公式 21. 不难发现图中四处阴影图形是全等的,我们可以先用正方形面积减去两个半圆的面积,得到的剩余面积正好是两个阴影图形的面积之和,那么乘以 2 即可得到 4 块阴影部分的总面积:$2\times\left[1^2-\pi\times\left(\dfrac{1}{2}\right)^2\right]=2-\dfrac{\pi}{2}$. 故选 E.

19. B 【解析】本题运用公式 19. 圆 O 的直径等于正方形 $EFGH$ 的对角线,等于正方形 $ABCD$ 的边长 2,所以正方形 $EFGH$ 的面积为 $2\times2\times\dfrac{1}{2}=2$. 故选 B.

20. E 【解析】本题运用公式 7. 利用三角形面积公式 $S=\dfrac{1}{2}ab\sin C$,两者面积之比等于 $(AB\times AC\times\sin A):(A'B'\times A'C'\times\sin A')$,因为 $\angle A+\angle A'=\pi$,所以 $\sin A=\sin A'$,所以二者之比等于 $(2\times2):(3\times3)=4:9$. 故选 E.

第八章

立体几何

考情分析

　　本章属于考试大纲中的几何部分.从大纲内容上分析,本章需要重点掌握柱体和球体相关的考点,如:长方体的基本公式、圆柱体和球体的基本公式等.本章难点在于外接球和内切球的相关公式.

　　从试题分布上分析,单独考查本章考点的题目有1～2道题,并且考试方式较为简单.

　　本章整体难度不大,学习建议用时为2～3小时.

📝 基本概念 ▾

1.柱体:有两个面互相平行且全等,余下的每个相邻两个面的交线互相平行,这样的多面体称为柱体.

2.棱柱:上、下底面平行且全等,侧棱平行且相等的封闭几何体.

3.长方体:底面为长方形的直四棱柱,其由六个面组成,相对面的面积相等.

4.正方体:由六个完全相同的正方形围成的立体图形叫正方体,又称正六面体.

5.圆柱:由两个大小相等、相互平行的圆形(底面)以及连接两个底面的一个曲面(侧面)围成的几何体.

6.圆柱的轴截面:通过圆柱轴的截面.

7.等边圆柱:轴截面是正方形的圆柱(高等于底面直径),也称为正圆柱.

8.外径:外圆的直径.

9.内径:内圆的直径.

10.球:以半圆的直径所在直线为旋转轴,半圆面旋转一周形成的旋转体,也叫作球体.

11.内切球:球心到某几何体各面的距离相等且等于半径的球是几何体的内切球.

12.外接球:球将几何体包围,且几何体的顶点和弧面在此球上.

13.直棱柱:侧棱与底面垂直的棱柱是直棱柱.

14.正棱柱:底面是正多边形的直棱柱叫作正棱柱.正棱柱是侧棱都垂直于底面,且底面是正多边形的棱柱.如底面是等边三角形的直棱柱称为正三棱柱.

15.棱锥:在几何学上,棱锥又称角锥,是三维多面体的一种,由多边形各个顶点向它所在的平面外一点依次连直线段而构成.多边形称为棱锥的底面.随着底面形状不同,棱锥的称呼也不相同,依底面多边形而定,例如,底面为三角形的棱锥称为三棱锥,底面是正方形的棱锥称为方锥,底面为五边形的棱锥称为五棱锥,等等.

16.正三棱锥:锥体中底面是正三角形,三个侧面是全等的等腰三角形的三棱锥.

公式精讲

公式组 1 柱体

公式 1 长方体

如图所示,设 3 条相邻的棱长分别是 a,b,c.

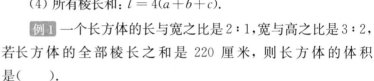

(1) 全面积:$F = 2(ab+bc+ac)$.

(2) 体积:$V = abc$.

(3) 体对角线:$d = \sqrt{a^2+b^2+c^2}$.

(4) 所有棱长和:$l = 4(a+b+c)$.

例1 一个长方体的长与宽之比是 $2:1$,宽与高之比是 $3:2$,若长方体的全部棱长之和是 220 厘米,则长方体的体积是( ).

A. 2 880 立方厘米　　　　　　　B. 7 200 立方厘米

C. 4 600 立方厘米　　　　　　　D. 4 500 立方厘米

E. 3 600 立方厘米

【解析】根据题意,长:宽:高 $= 6:3:2$.长方体有 12 条棱,共计4组长、宽、高,则长＋宽＋高 $= 220 \div 4 = 55$(厘米),所以长方体的长为 $55 \div (6+3+2) \times 6 = 30$(厘米),同理,宽为 15 厘米,高为 10 厘米,故该长方体的体积是 $30 \times 15 \times 10 = 4\ 500$(立方厘米).故选 D.

公式 2 正方体

$S_{全} = 6a^2$,$V = a^3$,$d = \sqrt{3}a$.

例2 两个正方体的棱长之比为 $3:1$,小正方体体积是大正方体体积的( ).

A. $\dfrac{1}{3}$　　B. $\dfrac{1}{9}$　　C. $\dfrac{1}{18}$　　D. $\dfrac{1}{21}$　　E. $\dfrac{1}{27}$

【解析】因为大正方体和小正方体棱长之比为 $3:1$,所以大正方体的棱长是小正方体棱长的3倍,那么大正方体的体积就是小正方体体积的 27 倍,小正方体的体积就是大正方体体积的 $\dfrac{1}{27}$.故选 E.

公式3 圆柱体

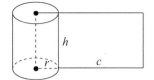

如图所示,设圆柱体的高为 h,底面半径为 r.

(1) 体积:$V = \pi r^2 h$.

(2) 侧面积:$S = 2\pi r h$.

(3) 全面积:$F = S_{侧} + 2S_{底} = 2\pi r h + 2\pi r^2$.

例3 若圆柱体的高增加到原来的 3 倍,底面半径增加到原来的 1.5 倍,则其体积增加到原来的(　　)倍.

A. 4.5 　　 B. 6.75 　　 C. 9 　　 D. 12.5 　　 E. 15

【解析】圆柱体体积 = 底面积×高. 底面半径增加到原来的 1.5 倍,则底面积增加到原来的 $1.5^2 = 2.25$(倍). 又因为高增加到原来的 3 倍,所以体积增加到原来的 $2.25 \times 3 = 6.75$(倍). 故选 B.

例4 圆柱体的底面半径与高之比为 $1:2$,若体积增加到原来的 6 倍,底面半径和高的比保持不变,则底面半径增加到原来的(　　)倍.

A. $\sqrt{6}$ 　　 B. $\sqrt[3]{6}$ 　　 C. $\sqrt{3}$ 　　 D. $\sqrt[3]{3}$ 　　 E. 6

【解析】设底面半径增加到原来的 k 倍,则底面积增加到原来的 k^2 倍. 因为要保持底面半径和高的比,所以高也增加到原来的 k 倍. 故体积增加到原来的 k^3 倍,则 $k^3 = 6$,$k = \sqrt[3]{6}$. 故选 B.

例5 如图所示,圆柱体的底面半径为 2,高为 3,垂直于底面的平面截圆柱体所得的截面为矩形 $ABCD$,若弦 AB 所对的圆心角是 $\frac{\pi}{3}$,则截掉部分(较小部分)的体积为(　　).

A. $\pi - 3$

B. $2\pi - 6$

C. $\pi - \dfrac{3\sqrt{3}}{2}$

D. $2\pi - 3\sqrt{3}$

E. $\pi - \sqrt{3}$

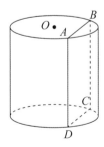

【解析】截掉部分的体积等于底面积乘以高,高为 3,底面积 $= S_{扇形OAB} - S_{\triangle OAB} = \pi \times 2^2 \times \dfrac{1}{6} - \dfrac{\sqrt{3}}{4} \times 2^2 = \dfrac{2}{3}\pi - \sqrt{3}$,故体积为 $2\pi - 3\sqrt{3}$. 故选 D.

公式组2　球体

■ **公式4　球的表面积和体积**

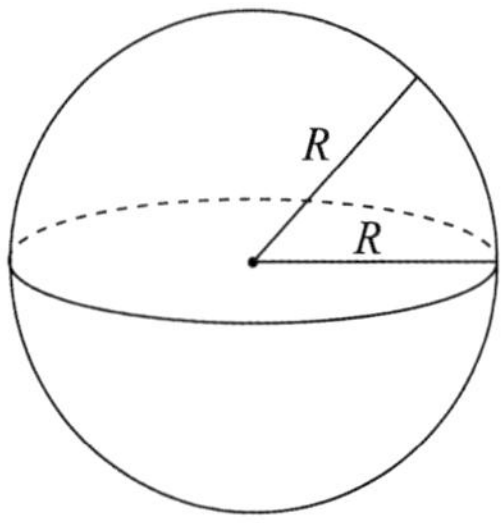

如图所示,设球的半径为 R.

(1) 球的表面积: $S = 4\pi R^2$;

(2) 球的体积: $V = \dfrac{4}{3}\pi R^3$.

例6 若一个球体的表面积增加到原来的9倍,则它的体积增加到原来的(　　)倍.

A. 9 　　　B. 27 　　　C. 3 　　　D. 6 　　　E. 8

【解析】根据球体的表面积公式,若表面积增加到原来的9倍,说明半径增加到原来的3倍,又根据球体的体积公式,则它的体积增加到原来的 $3^3 = 27$(倍). 故选 B.

例7 一个圆柱体的底面直径和高都与球的直径相等,则圆柱和球的体积之比是(　　).

A. $2:3$ 　　　　　　B. $1:3$ 　　　　　　C. $2:1$

D. $3:2$ 　　　　　　E. 以上均不对

【解析】设球的半径为 r,则球的体积为 $V_1 = \dfrac{4}{3}\pi r^3$,圆柱体的底面半径为 r,高 $h = 2r$,那么圆柱体积为 $V_2 = \pi \cdot r^2 \cdot 2r = 2\pi r^3$,从而 $V_2 : V_1 = 2\pi r^3 : \dfrac{4}{3}\pi r^3 = 3:2$. 故选 D.

例8 如图所示,一个底面半径为 R 的圆柱形量杯中装有适量的水. 若放入一个半径为 r 的实心铁球,水面高度恰好升高 r,则 $\dfrac{R}{r} = ($　　$)$.

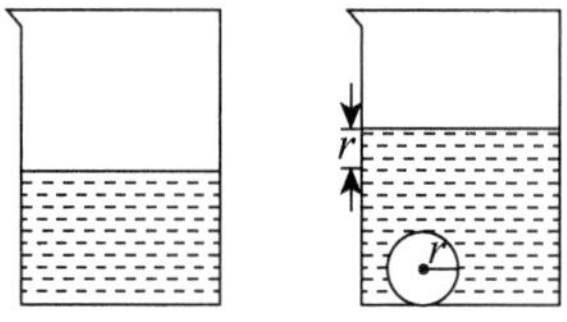

(a)　　　　(b)

A. $\dfrac{2\sqrt{3}}{3}$ 　　B. $\dfrac{4\sqrt{3}}{3}$ 　　C. $\dfrac{\sqrt{3}}{3}$ 　　D. $\dfrac{5\sqrt{3}}{3}$ 　　E. $\dfrac{7\sqrt{3}}{3}$

【解析】根据体积不变可知小球的体积等于水面上升的变化量,则 $\dfrac{4}{3}\pi r^3 = \pi R^2 \cdot r \Rightarrow \dfrac{R}{r} = \dfrac{2}{\sqrt{3}} = \dfrac{2\sqrt{3}}{3}$. 故选 A.

■ **公式5　内切球和外接球**

设圆柱底面半径为 r,球半径为 R,圆柱的高为 h,有以下关系式成立.

	内切球	外接球
长方体	无,只有正方体才有	体对角线 $l = 2R$
正方体	棱长 $a = 2R$	体对角线 $l = 2R$
圆柱	只有轴截面是正方形的圆柱才有, 此时有 $2r = h = 2R$	$\sqrt{h^2 + (2r)^2} = 2R$

例9 现有一个半径为 R 的球体,拟用刨床将其加工成正方体,则能加工成的最大正方体的体积是( ).

A. $\dfrac{8}{3}R^3$ B. $\dfrac{8\sqrt{3}}{9}R^3$ C. $\dfrac{4}{3}R^3$ D. $\dfrac{1}{3}R^3$ E. $\dfrac{\sqrt{3}}{9}R^3$

【解析】球体内的最大正方体的体对角线应为球体直径 $2R$,则正方体边长为 $\dfrac{2R}{\sqrt{3}}$,最大正方体的体积为 $\dfrac{8\sqrt{3}}{9}R^3$. 故选 B.

例10 某正方体与其外接球表面积之比为( ).

A. $3:\pi$ B. $2:\pi$ C. $1:2\pi$ D. $1:3\pi$ E. $3:2\pi$

【解析】设正方体的棱长为 a,外接球的半径为 r,其外接球的直径等于正方体的体对角线,即 $2r = \sqrt{3}a$,则二者表面积之比为 $6a^2 : 4\pi r^2 = 2 : \pi$. 故选 B.

例11 棱长为 a 的正方体的内切球、外接球的半径分别是( ).

A. $\dfrac{a}{2}, \dfrac{\sqrt{2}}{2}a$ B. $\sqrt{2}a, \sqrt{3}a$ C. $a, \dfrac{\sqrt{3}}{2}a$

D. $a, \dfrac{\sqrt{2}}{2}a$ E. $\dfrac{a}{2}, \dfrac{\sqrt{3}}{2}a$

【解析】正方体的棱长等于内切球的直径,故内切球半径 $r = \dfrac{a}{2}$;正方体的体对角线等于外接球的直径,故外接球半径 $R = \dfrac{\sqrt{3}}{2}a$. 故选 E.

💡 思路点拨

- 在这些关系中,一定要注意,在寻找几何关系时要利用几何体的轴截面.
- 关系是相互的,正方体的外接球和球的内接正方体其实质是一样的.

🖍 公式导图 ▾

$$
\text{立体几何}
\begin{cases}
\text{柱体}
\begin{cases}
\text{长方体} \\
\text{正方体} \\
\text{圆柱体}
\end{cases} \\
\text{球体}
\begin{cases}
\text{球的表面积和体积} \\
\text{内切球和外接球}
\end{cases}
\end{cases}
$$

公式演练 ▾

1. 有一根圆柱形水管正在向泳池里面注水,管壁厚为 0.1 米,外径为 2.0 米,若水流速度是 2 米/秒,那么 10 秒会从水管中流出约( )立方米的水.

   A. 50.9　　B. 38　　　　C. 59　　　　D. 119　　　　E. 62.8

2. 如图所示,圆柱体的底面半径为 2,高为 4,垂直于底面的平面截圆柱体所得的截面为矩形 ABCD,若弦 $AB = 2\sqrt{2}$,则截掉部分(较大部分)的体积为( ).

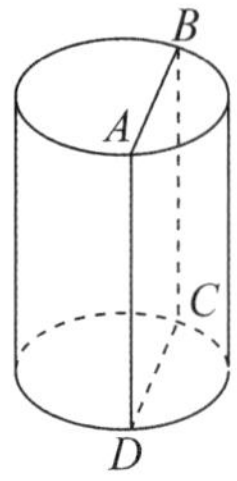

   A. $6\pi + 4$　　　　　　B. $6\pi + 6$　　C. $8\pi + 4$

   D. $12\pi + 8$　　　　E. $14\pi + 6$

3. 现有长方形木板 340 张,正方形木板 160 张[见图(a)],这些木板恰好可以装配成若干个竖式和横式的无盖箱子[见图(b)],则装配成的竖式和横式的无盖箱子的个数分别为( ).

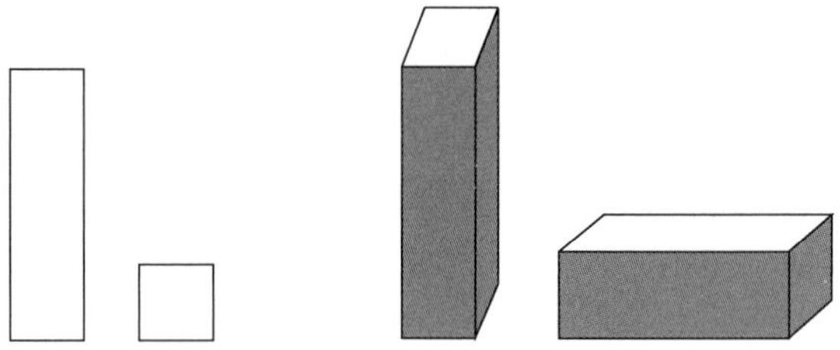

   (a)　　　　　　　　(b)

   A. 25,80　B. 60,50　　C. 20,70　　D. 60,40　　E. 40,60

4. 如图所示,有一根圆柱形铁管,管壁厚度为 0.1 m,内径为 1.8 m,长度为 2 m,若该铁管熔化后浇铸成长方体,则该长方体体积为( )(单位:m³,$\pi \approx 3.14$).

   A. 0.38　　B. 0.59　　　C. 1.19　　　D. 5.09　　　E. 6.28

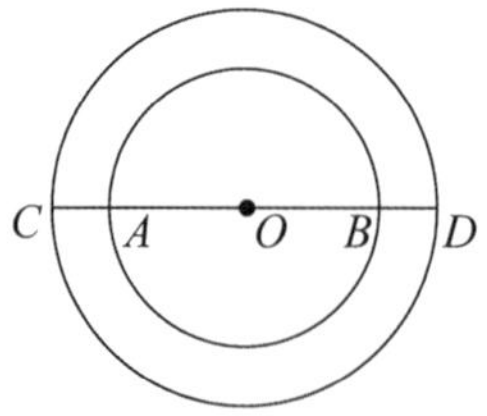

5. 将体积为 4π cm³ 和 32π cm³ 的两个实心金属球熔化后铸成一个实心大球,则大球的表面积为( ).

   A. 31π cm²　　　　　　B. 36π cm²　　　　　　C. 38π cm²

   D. 40π cm²　　　　　E. 42π cm²

6. 如图所示，一个储物罐的下半部分是底面直径与高均是 20 m 的圆柱形，上半部分（顶部）是半球形，已知底面与顶部的造价均是 400 元 /m²，侧面的造价是 300 元 / m²，则该储物罐的造价是(   )($\pi \approx 3.14$).

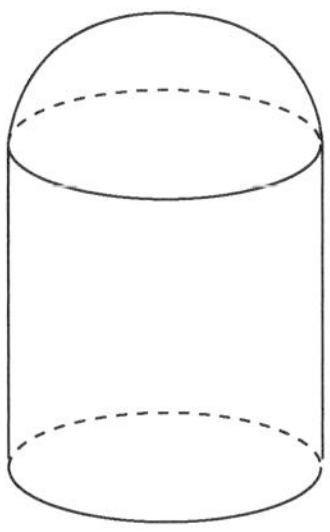

   A. 56.52 万元　　　　　B. 62.8 万元

   C. 75.36 万元　　　　　D. 87.92 万元

   E. 100.48 万元

7. 设甲、乙两个圆柱的底面积分别为 S_1，S_2，体积分别为 V_1，V_2，若它们的侧面积相等，且 $\dfrac{S_1}{S_2} = \dfrac{9}{4}$，则 $\dfrac{V_1}{V_2} = ($　　　$)$.

   A. $\dfrac{2}{3}$　　　B. 1　　　C. $\dfrac{3}{2}$　　　D. $\dfrac{1}{2}$　　　E. 2

8. 长方体的体对角线为 $\sqrt{14}$，全面积为 22，则长方体的所有棱长之和是(   ).

   A. 22　　　B. 24　　　C. 6　　　D. 28　　　E. 32

9. 一圆柱体的高与正方体的高相等，且它们的侧面积也相等，则圆柱体的体积与正方体的体积的比值为(   ).

   A. $\dfrac{4}{\pi}$　　　B. $\dfrac{3}{\pi}$　　　C. $\dfrac{\pi}{3}$　　　D. $\dfrac{\pi}{4}$　　　E. π

10. 体积相等的正方体、等边圆柱（轴截面是正方形）和球，它们的表面积分别为 S_1，S_2，S_3，则有(   ).

    A. $S_3 < S_2 < S_1$　　　　　B. $S_1 < S_3 < S_2$

    C. $S_2 < S_3 < S_1$　　　　　D. $S_1 < S_2 < S_3$

    E. $S_2 < S_1 < S_3$

11. 要制作一个容积为 4 立方米，高为 1 米的无盖长方体容器，已知该容器的底面造价是每平方米 20 元，侧面造价是每平方米 10 元，则该容器的最低总造价是(   )元.

    A. 80　　　B. 120　　　C. 160　　　D. 240　　　E. 260

12. 如图所示，一个圆柱的底面周长和高相等，如果高缩短 4 厘米，则圆柱的表面积就减少 48 平方厘米，则这个圆柱原来的表面积是(   )平方厘米.（$\pi = 3$）

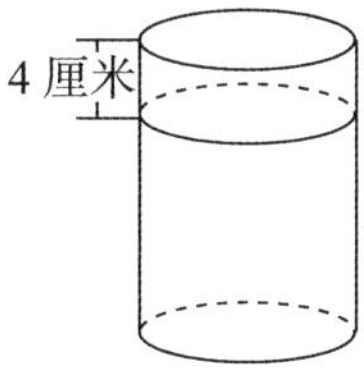

    A. 148　　　　　　B. 156

    C. 168　　　　　　D. 170

    E. 以上答案均不正确

13. 已知一个全面积为 44 的长方体,且它的长、宽、高之比为 3：2：1,则此长方体的外接球的表面积为(　　).

　　A. 7π　　　　　　　　B. 14π　　　　　　　　C. 21π

　　D. 28π　　　　　　　　E. 以上均不正确

14. 一个正方体 A 的内切球与另一个正方体 B 的外接球的体积之比为 $3\sqrt{3}：1$,则两个正方体 A 与 B 的表面积之比为(　　).

　　A. $6：1$　　B. $8：1$　　C. $9：1$　　D. $27：1$　　E. $\sqrt{3}：1$

15. 与正方体各面都相切的球,它的表面积与正方体的表面积之比为(　　).

　　A. $\dfrac{\pi}{2}$　　　　B. $\dfrac{\pi}{6}$　　　　C. $\dfrac{\pi}{4}$　　　　D. $\dfrac{\pi}{3}$　　　　E. 2

参考答案与解析

答案速查： 1～5　ADECB　6～10　CCBAA　11～15　CCDCB

1. A 【解析】本题运用公式 3. 该水管水流的截面面积应该为 $\pi(1-0.1)^2 = 0.81\pi$(平方米),10 秒流出的长度为 20 米,所以体积为 $0.81\pi \times 20$,约为 50.9 立方米. 故选 A.

2. D 【解析】本题运用公式 3. 截掉部分的体积等于底面积乘以高,底面积＝圆的面积－弓形的面积. 设底面的圆心为 O,AB 长为 $2\sqrt{2}$,则所对的圆心角 $\angle AOB = 90°$,所以弓形的面积 $= S_{\text{扇形}AOB} - S_{\triangle AOB} = \pi - 2$,底面积 $= 4\pi - (\pi - 2) = 3\pi + 2$,所以截掉部分(较大部分) 的体积 $= (3\pi + 2) \times 4 = 12\pi + 8$. 故选 D.

3. E 【解析】本题运用公式 1. 设装配成竖式箱子 x 个,横式箱子 y 个,竖式的箱子由 4 个长方形木板和 1 个正方形木板构成,横式的箱子由 3 个长方形木板和 2 个正方形木板构成. 据此列出关于木板数目的方程 $\begin{cases} 4x + 3y = 340, \\ x + 2y = 160 \end{cases} \Rightarrow \begin{cases} x = 40, \\ y = 60. \end{cases}$ 故选 E.

4. C 【解析】本题运用公式 3. 本题需要注意内径的定义,根据题意,$AB = 1.8$,$AC = 0.1$,该长方体的体积 $= \pi(OC^2 - OA^2) \cdot 2 = 0.38\pi \approx 1.19(\text{m}^3)$. 故选 C.

5. B 【解析】本题运用公式 4. 设实心大球的半径为 R cm,则 $\dfrac{4}{3}\pi R^3 = 36\pi \Rightarrow R = 3$,所以该球的表面积为 $4\pi R^2 = 36\pi(\text{cm}^2)$. 故选 B.

6. C 【解析】本题运用公式 3 和公式 4. 底部与顶部表面积为 $S = \pi \times 10^2 + \dfrac{1}{2} \times 4\pi \times 10^2 = 942(\text{m}^2)$,侧面积 $S = \pi \times 20 \times 20 = 1\,256(\text{m}^2)$. 故总造价 $= 942 \times 0.04 + 1\,256 \times 0.03 = 75.36(\text{万元})$. 故选 C.

7. C 【解析】本题运用公式3. 设甲、乙两个圆柱的底面半径分别为 r_1, r_2, 高分别为 d_1,

d_2, 则体积之比为 $\dfrac{V_1}{V_2} = \dfrac{\pi r_1^2 d_1}{\pi r_2^2 d_2}$, 由于甲、乙两个圆柱的侧面积相等, 则 $2\pi r_1 d_1 =$

$2\pi r_2 d_2$, 代入得 $\dfrac{V_1}{V_2} = \dfrac{r_1}{r_2} = \sqrt{\dfrac{S_1}{S_2}} = \dfrac{3}{2}$. 故选 C.

8. B 【解析】本题运用公式1. 设长方体的长、宽、高分别为 a, b, c, 则由题意得

$$\begin{cases} d^2 = a^2 + b^2 + c^2 = 14, \\ F = 2(ab + bc + ac) = 22, \end{cases}$$

整理化简, 得

$$(a+b+c)^2 = a^2 + b^2 + c^2 + 2(ab + bc + ac) = 36,$$

所以 $a+b+c = 6$, 故所有棱长的和是 $4(a+b+c) = 24$. 故选 B.

9. A 【解析】本题运用公式2和公式3. 设正方体的棱长为 a, 圆柱体的底面半径为 r,

从而有 $4a^2 = 2\pi ra \Rightarrow r = \dfrac{2}{\pi}a$, 故正方体的体积为 a^3, 圆柱体的体积为 $\dfrac{4}{\pi}a^3$, 故圆柱体与

正方体的体积之比为 $\dfrac{4}{\pi}$. 故选 A.

10. A 【解析】本题运用公式2和公式3以及公式4. 设正方体的棱长为 a, 等边圆柱的

底面半径为 r, 球的半径为 R, 则由已知有 $a^3 = \pi r^2 \cdot 2r = \dfrac{4}{3}\pi R^3 \Rightarrow a^3 = 2\pi r^3 = \dfrac{4}{3}\pi R^3$,

$S_1 = 6a^2$, $S_2 = 2\pi r \cdot 2r + 2\pi r^2 = 6\pi r^2$, $S_3 = 4\pi R^2$, 经过推导得到 $S_3 < S_2 < S_1$, 所以

体积相等的正方体、等边圆柱和球, 球的表面积最小, 正方体的表面积最大. 故选 A.

11. C 【解析】本题运用公式1. 设此容器的长、宽分别为 a 米, b 米, 则有 $ab = 4$, 该容器

的总造价 $y = 20ab + 10(2a + 2b) = 80 + 20(a+b) \geqslant 80 + 20 \times 2\sqrt{ab} = 160$, 当且

仅当 $a = b = 2$ 时, 该容器的总造价最低, 为 160 元. 故选 C.

12. C 【解析】本题运用公式3. 设圆柱底面半径和高分别为 r, h, 则 $2\pi r = h$, 圆柱减少

的表面积是 $2\pi r \cdot 4 = 48$, 所以 $r = 2$, $h = 12$, 则圆柱原来的表面积是 $2\pi rh + 2\pi r^2 =$

168(平方厘米). 故选 C.

13. D 【解析】本题运用公式1和公式5. 长方体的一个顶点处的三条棱长之比为 1:2:

3, 可以设它的长、宽、高分别为 $3x, 2x, x$, 则 $F = 2(x \cdot 2x + x \cdot 3x + 2x \cdot 3x) = 44$,

解得 $x = \sqrt{2}$, 所以长方体的一个顶点处的三条棱长分别是 $\sqrt{2}, 2\sqrt{2}, 3\sqrt{2}$, 则它的体对

角线长为 $2\sqrt{7}$, 则长方体的外接球半径为 $\sqrt{7}$, 长方体的外接球的表面积为 $S = 4\pi r^2 =$

$4\pi \left(\sqrt{7}\right)^2 = 28\pi$. 故选 D.

14. C 【解析】本题运用公式 2 和公式 5. 由 $\dfrac{V_内}{V_外} = \dfrac{3\sqrt{3}}{1}$，可得 $\dfrac{R_内}{R_外} = \dfrac{\sqrt{3}}{1}$，则正方体 A 的棱

长为 $L_A = 2R_内$，正方体 B 的棱长为 $L_B = \sqrt{\dfrac{4}{3}}\,R_外$，因此正方体 A 与 B 的表面积之比

为 $\dfrac{S_A}{S_B} = \dfrac{6L_A^2}{6L_B^2} = \dfrac{(2R_内)^2}{\left(\sqrt{\dfrac{4}{3}}R_外\right)^2} = \dfrac{9}{1}$. 故选 C.

15. B 【解析】本题运用公式 2 和公式 5. 设正方体棱长为 a，则球的半径为 $\dfrac{a}{2}$，故 $S_球 : S_正 =$

$\left[4\pi \cdot \left(\dfrac{a}{2}\right)^2\right] : 6a^2 = \pi : 6$. 故选 B.

第九章

解析几何

考情分析

　　本章属于考试大纲中的几何部分. 从大纲内容上分析,本章需要重点掌握点、直线和圆三大基本要素以及它们之间的关系.

　　从试题分布上分析,考查本章考点的题目为 2～3 道题,并且经常结合代数部分的内容出题. 如:解析几何中的最值问题,以及位置关系类问题.

　　本章整体难度较大,学习建议用时为 5～6 小时.

基本概念 ▾

1.平面直角坐标系:在同一个平面上互相垂直且有公共原点的两条数轴构成平面直角坐标系,简称直角坐标系.通常,两条数轴分别置于水平位置与垂直位置,取向右与向上的方向分别为两条数轴的正方向.水平的数轴叫作 x 轴或横轴,垂直的数轴叫作 y 轴或纵轴,x 轴、y 轴统称为坐标轴,它们的公共原点 O 称为直角坐标系的原点,以点 O 为原点的平面直角坐标系记作平面直角坐标系 xOy.

2.象限:如图(a) 所示,以原点为中心,x,y 轴为分界线. 右上的称为第一象限,左上的称为第二象限,左下的称为第三象限,右下的称为第四象限. 原点和坐标轴上的点不属于任何象限.

3.点在平面直角坐标系中的表示:要想写出一个点 P 的坐标,应过这个点 P 分别向 x 轴和 y 轴作垂线,垂足 A 在 x 轴上的坐标是 x,垂足 B 在 y 轴上的坐标是 y,我们说点 P 的横坐标是 x,纵坐标是 y,有序数对 (x,y) 叫作点 P 的坐标,即 $P(x,y)$,如图(b) 所示.

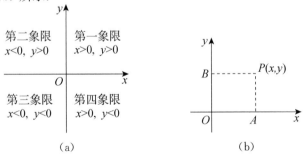

(a)　　　　　　(b)

4.倾斜角:直线向上的方向与 x 轴正方向所成的夹角,称为倾斜角,记为 α,其中 $\alpha \in [0,\pi)$.

5.斜率:倾斜角的正切值称为斜率,记为 $k = \tan \alpha \left(\alpha \neq \dfrac{\pi}{2}\right)$.

6.截距:截距分为横截距和纵截距,横截距是直线与 x 轴交点的横坐标,纵截距是直线与 y 轴交点的纵坐标.要求出横截距只需令 $y=0$,求出 x,求纵截距就令 $x=0$,求出 y.如 $y=x-1$ 横截距为1,纵截距为 -1.直线的截距可正,可负,可为0.

📝 公式精讲 ▾

公式组 1 　点

▎公式 1　两点距离公式

两点 $A(x_1,y_1)$ 与 $B(x_2,y_2)$ 之间的距离:
$$d = \sqrt{(x_2-x_1)^2 + (y_2-y_1)^2}.$$

例1 已知点 $A(1,2)$,$B(4,6)$,则以线段 AB 为边长的等边三角形的面积为(　　).

A. $\dfrac{25}{4}\sqrt{3}$　　B. $\dfrac{5}{4}\sqrt{3}$　　C. $\dfrac{25}{4}$　　　　D. $25\sqrt{3}$　　E. 25

【解析】$AB = \sqrt{(4-1)^2 + (6-2)^2} = 5$,以 5 为边长的等边三角形面积 $= \dfrac{\sqrt{3}}{4} \times 5^2 = \dfrac{25}{4}\sqrt{3}$.故选 A.

▎公式 2　中点坐标公式

两点 $A(x_1,y_1)$ 与 $B(x_2,y_2)$ 的中点坐标为 $\left(\dfrac{x_1+x_2}{2}, \dfrac{y_1+y_2}{2}\right)$.

例2 已知点 $A(3,-4)$,$B(7,6)$,则线段 AB 的中点坐标为(　　).

A. $(5,1)$　　B. $(2,5)$　　C. $(10,2)$　　D. $(4,10)$　　E. $(1,5)$

【解析】线段 AB 的中点坐标为 $\left(\dfrac{3+7}{2}, \dfrac{-4+6}{2}\right)$,即 $(5,1)$.故选 A.

公式组 2 　直线

▎公式 3　直线方程

(1) **点斜式**:过点 $P(x_0,y_0)$,斜率为 k 的直线方程为 $y - y_0 = k(x-x_0)$.

(2) **斜截式**:斜率为 k,在 y 轴上截距为 b(即过点 $P_0(0,b)$)的直线方程为 $y = kx + b$.

(3) **两点式**:过两点 $P_1(x_1,y_1)$,$P_2(x_2,y_2)$ 的直线方程为 $\dfrac{y-y_1}{y_2-y_1} = \dfrac{x-x_1}{x_2-x_1}$($x_1 \neq x_2$,$y_1 \neq y_2$).

(4) **截距式**:在 x 轴上的截距为 a(即过点 $P_1(a,0)$),在 y 轴

上的截距为 b(即过点 $P_0(0,b)$) 的直线方程为 $\frac{x}{a}+\frac{y}{b}=1(a\neq 0,b\neq 0)$.

(5) 一般式:$ax+by+c=0(a,b$ 不全为零).

例3 已知三角形 ABC 的顶点坐标为 $A(-1,5)$,$B(-2,-1)$,$C(4,3)$,M 是 BC 边上的中点,则 AM 边所在的直线方程为(   ).

A. $y=-2x-3$ B. $y=-2x+3$

C. $y=-\frac{1}{2}x+3$ D. $y=2x+3$

E. $y=2x-3$

【解析】可知点 $M(1,1)$,则 AM 边所在的直线方程为 $\frac{y-1}{5-1}=\frac{x-1}{-1-1}$,即 $y=-2x+3$.故选 B.

公式4 直线过象限

一次函数 $y=kx+b(k\neq 0)$ 的图像是一条直线,其图像与性质如下表所示.

$y=kx+b$ $(k\neq 0)$	$k>0$		$k<0$	
	$b>0$	$b<0$	$b>0$	$b<0$
图像				
性质	图像经过第一、二、三象限	图像经过第一、三、四象限	图像经过第一、二、四象限	图像经过第二、三、四象限
	y 随 x 的增大而增大		y 随 x 的增大而减小	
	自变量 x 的取值范围为全体实数			

例4 直线 $y=ax+b$ 过第三象限.

(1)$a=-1,b=1$.

(2)$a=1,b=-1$.

【解析】满足条件(1)的直线过第一、二、四象限,满足条件(2)的直线过第一、三、四象限,条件(2) 充分.故选 B.

▌公式 5　直线的斜率公式

（1）倾斜角的正切值为斜率，记为 $k = \tan \alpha \left(\alpha \neq \dfrac{\pi}{2} \right)$.

（2）设直线 l 上有两个点 $P_1(x_1, y_1)$，$P_2(x_2, y_2)$，则 $k = \dfrac{y_2 - y_1}{x_2 - x_1}(x_1 \neq x_2)$.

例5 已知直线 l 过点 $P(-1, 2)$，且与以 $A(-2, -3)$，$B(3, 0)$ 为端点的线段相交，则直线 l 的斜率的取值范围是（　　）.

A. $\left[-\dfrac{1}{2}, 5 \right]$　　　　B. $\left(-\dfrac{1}{2}, 5 \right)$

C. $\left[-\dfrac{1}{2}, +\infty \right)$　　　　D. $\left(-\infty, -\dfrac{1}{2} \right] \cup [5, +\infty)$

E. 以上均不正确

【解析】利用斜率的几何意义可以算出 $k_{PA} = \dfrac{-3 - 2}{-2 - (-1)} = 5$，$k_{PB} = \dfrac{2 - 0}{-1 - 3} = -\dfrac{1}{2}$，故 $k \in \left(-\infty, -\dfrac{1}{2} \right] \cup [5, +\infty)$. 故选 D.

▌公式 6　点到直线的距离公式

（1）点 (x_0, y_0) 到直线 $l : ax + by + c = 0$ 的距离是
$$d = \dfrac{|ax_0 + by_0 + c|}{\sqrt{a^2 + b^2}}.$$

（2）直线 $ax + by + c_1 = 0$ 与直线 $ax + by + c_2 = 0$ 的距离 $d = \dfrac{|c_1 - c_2|}{\sqrt{a^2 + b^2}}$.

例6 点 $P(-1, 2)$ 到直线 $l : 2x + y - 10 = 0$ 的距离为（　　）.

A. $\sqrt{5}$　　B. $2\sqrt{5}$　　C. $\dfrac{2\sqrt{5}}{5}$　　D. $\dfrac{\sqrt{5}}{5}$　　E. $3\sqrt{5}$

【解析】根据点到直线的距离公式可知 $d = \dfrac{|2 \times (-1) + 2 - 10|}{\sqrt{2^2 + 1^2}} = 2\sqrt{5}$. 故选 B.

公式组 3　圆

▌公式 7　圆的方程

（1）标准方程. 当圆心为 (x_0, y_0)，半径为 r 时，圆的标准方程为

重点提炼

- 要做到看到圆的标准方程能写出圆心和半径，知道圆心和半径能写出圆的标准方程.

$$(x-x_0)^2+(y-y_0)^2=r^2.$$

（2）一般方程：$x^2+y^2+ax+by+c=0$. 配方后得到

$$\left(x+\frac{a}{2}\right)^2+\left(y+\frac{b}{2}\right)^2=\frac{a^2+b^2-4c}{4},$$

要求 $a^2+b^2-4c>0$.

圆心坐标 $\left(-\frac{a}{2},-\frac{b}{2}\right)$，半径 $r=\frac{\sqrt{a^2+b^2-4c}}{2}>0$.

• 一般方程到标准方程的转化过程实质是配方的过程，要能做到灵活转化.

例7 设 AB 为圆 C 的直径，点 A,B 的坐标分别是 $(-3,5)$，$(5,1)$，则圆 C 的方程是（　　）.

A. $(x-2)^2+(y-6)^2=80$

B. $(x-1)^2+(y-3)^2=20$

C. $(x-2)^2+(y-4)^2=80$

D. $(x-2)^2+(y-4)^2=20$

E. $x^2+y^2=20$

【解析】因为 AB 是圆的直径，所以线段 AB 的中点恰好是圆心. 根据题意，得 AB 的中点坐标是 $(1,3)$，所以以圆 C 的圆心坐标是 $(1,3)$，且半径为 $\sqrt{20}$. 故选 B.

公式8　半圆的方程

对于圆的标准方程 $(x-x_0)^2+(y-y_0)^2=r^2$ 的四个半圆方程如下：

左半圆：$(x-x_0)^2+(y-y_0)^2=r^2(x\leqslant x_0)\Rightarrow x=x_0-\sqrt{r^2-(y-y_0)^2}$.

右半圆：$(x-x_0)^2+(y-y_0)^2=r^2(x\geqslant x_0)\Rightarrow x=x_0+\sqrt{r^2-(y-y_0)^2}$.

上半圆：$(x-x_0)^2+(y-y_0)^2=r^2(y\geqslant y_0)\Rightarrow y=y_0+\sqrt{r^2-(x-x_0)^2}$.

下半圆：$(x-x_0)^2+(y-y_0)^2=r^2(y\leqslant y_0)\Rightarrow y=y_0-\sqrt{r^2-(x-x_0)^2}$.

例8 若圆的方程是 $x^2+y^2=1$，则它的右半圆（在第一象限和第四象限内的部分）的方程是（　　）.

A. $y-\sqrt{1-x^2}=0$　　　　B. $x-\sqrt{1-y^2}=0$

C. $y+\sqrt{1-x^2}=0$　　　　D. $x+\sqrt{1-y^2}=0$

E. $x^2+y^2=\frac{1}{2}$

【解析】由圆的方程 $x^2 + y^2 = 1$ 化为 $x = \pm\sqrt{1-y^2}$，当 $x >$ 0 时表示右半圆，则 $x = \sqrt{1-y^2}$，即 $x - \sqrt{1-y^2} = 0$. 故选 B.

公式组 4　位置关系

▎公式 9　直线与直线

直线与直线的位置关系如表中所示.

直线与直线的 位置关系	斜截式 $l_1: y = k_1 x + b_1,$ $l_2: y = k_2 x + b_2$	一般式 $l_1: a_1 x + b_1 y + c_1 = 0,$ $l_2: a_2 x + b_2 y + c_2 = 0$
重合	$k_1 = k_2, b_1 = b_2$	$\dfrac{a_1}{a_2} = \dfrac{b_1}{b_2} = \dfrac{c_1}{c_2}$
平行 $l_1 \parallel l_2$	$k_1 = k_2, b_1 \neq b_2$	$\dfrac{a_1}{a_2} = \dfrac{b_1}{b_2} \neq \dfrac{c_1}{c_2}$
相交	$k_1 \neq k_2$	$\dfrac{a_1}{a_2} \neq \dfrac{b_1}{b_2}$
垂直 $l_1 \perp l_2$ （相交的特殊情况）	$k_1 k_2 = -1$	$\dfrac{a_1}{b_1} \cdot \dfrac{a_2}{b_2} = -1 \Leftrightarrow$ $a_1 a_2 + b_1 b_2 = 0$

例9 已知直线 $l_1:(a+2)x+(1-a)y-3=0$ 与直线 $l_2:$ $(a-1)x+(2a+3)y+2=0$ 相互垂直，则 a 等于（　　）.

A. -1　　　B. 1　　　C. ± 1　　　D. $-\dfrac{3}{2}$　　　E. 0

【解析】因为两直线相互垂直，所以有 $(a+2)(a-1)+$ $(1-a)(2a+3)=0$，解得 $a = \pm 1$. 故选 C.

▎公式 10　直线与圆

直线 $l: y = kx + b$；圆 $O:(x-x_0)^2+(y-y_0)^2=r^2$，$d$ 为圆心 (x_0, y_0) 到直线 l 的距离（见表）.

直线与圆的 位置关系	图形	成立条件 （几何表示）	成立条件 （代数式表示）
相离		$d > r$	方程组 $\begin{cases} y = kx + b, \\ (x-x_0)^2+(y-y_0)^2=r^2 \end{cases}$ 无实根，即 $\Delta < 0$

续表

直线与圆的位置关系	图形	成立条件（几何表示）	成立条件（代数式表示）
相切		$d = r$	方程组 $\begin{cases} y = kx + b, \\ (x - x_0)^2 + (y - y_0)^2 = r^2 \end{cases}$ 有两个相等的实根，即 $\Delta = 0$
相交		$d < r$	方程组 $\begin{cases} y = kx + b, \\ (x - x_0)^2 + (y - y_0)^2 = r^2 \end{cases}$ 有两个不相等的实根，即 $\Delta > 0$

例 10 直线 $y = kx$ 与圆 $x^2 + y^2 - 4x + 3 = 0$ 有两个交点.

(1) $-\dfrac{\sqrt{3}}{3} < k < 0$.

(2) $0 < k < \dfrac{\sqrt{2}}{2}$.

【解析】联立方程，有 $x^2 + (kx)^2 - 4x + 3 = 0$,$(k^2 + 1) x^2 - 4x + 3 = 0$,$\Delta = 16 - 12(k^2 + 1) > 0$,所以 $k^2 < \dfrac{1}{3}$,所以条件(1)充分，条件(2)不充分. 故选 A.

公式 11　直线与抛物线

直线与抛物线位置关系的处理同直线与圆的位置关系中的代数式表示方法，即联立直线与抛物线的方程消元后得到一元二次方程，根据判别式情况确定直线与抛物线的位置关系.

例 11 抛物线 $y = x^2 + (a + 2)x + 2a$ 与 x 轴相切.

(1) $a > 0$.

(2) $a^2 + a - 6 = 0$.

【解析】要想使得结论成立，则 $x^2 + (a + 2)x + 2a = 0$ 的判别式 $\Delta = 0$,即 $(a + 2)^2 - 8a = 0 \Rightarrow a = 2$. 条件(1)和条件(2)单独不能推出结论，联合可以推出 $a = 2$. 故选 C.

公式 12　圆与圆

圆$O_1:(x-x_1)^2+(y-y_1)^2=r_1^2$;

圆$O_2:(x-x_2)^2+(y-y_2)^2=r_2^2$.

设$r_1>r_2$,d 为圆心(x_1,y_1)与(x_2,y_2)的圆心距(见表).

两圆的位置关系	图形	成立条件 (几何表示)	内公切线条数	外公切线条数
外离		$d>r_1+r_2$	2	2
外切		$d=r_1+r_2$	1	2
相交		$r_1-r_2<d<$ r_1+r_2	0	2
内切		$d=r_1-r_2$	0	1
内含		$d<r_1-r_2$	0	0

◈思路点拨

• 先计算圆心距d,再比较d与两半径之差和两半径之和的关系.

例 12 圆 $x^2+y^2+2x-3=0$ 与圆 $x^2+y^2-6y+6=0$ 的位置关系为(　　).

A. 外离　　B. 外切　　C. 相交　　D. 内切　　E. 内含

【解析】$x^2+y^2+2x-3=0\Rightarrow(x+1)^2+y^2=4$,$x^2+y^2-6y+6=0\Rightarrow x^2+(y-3)^2=3$,两圆圆心距为$\sqrt{10}$,半径和为$2+\sqrt{3}$,半径差为$2-\sqrt{3}$.因为$2-\sqrt{3}<\sqrt{10}<2+\sqrt{3}$,所以两圆位置关系为相交.故选 C.

公式组 5　对称关系

公式 13　点关于点对称的对称点

如图所示,对称点为中点,利用中点坐标公式求解.

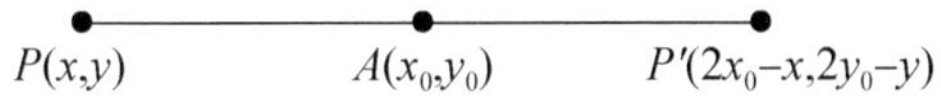

$$P(x,y) \qquad A(x_0,y_0) \qquad P'(2x_0-x,2y_0-y)$$

例 13 圆 C:$(x+2)^2+(y-4)^2=2$ 的圆心关于原点的对称点为(　　).

A. $(4,-2)$　　　　B. $(-2,4)$　　　　C. $(2,-4)$

D. $(-4,2)$　　　　E. $(2,4)$

【解析】圆 C:$(x+2)^2+(y-4)^2=2$ 的圆心为 $(-2,4)$,所以 $(-2,4)$ 关于原点的对称点为 $(2,-4)$. 故选 C.

公式 14　圆关于点对称的对称圆

两圆关于点对称的实质是圆心关于点对称,所以可以转化为点关于点对称. 先求圆心关于点的对称点作为对称圆的圆心,两圆半径相同,即可求出对称圆的方程.

例 14 圆 C:$(x+2)^2+(y-4)^2=2$ 关于原点的对称圆的方程为(　　).

A. $(x-2)^2+(y-4)^2=2$

B. $(x+4)^2+(y-3)^2=2$

C. $(x+3)^2+(y+4)^2=2$

D. $(x-2)^2+(y+4)^2=2$

E. $(x+3)^2+(y-4)^2=2$

【解析】圆 C:$(x+2)^2+(y-4)^2=2$ 的圆心为 $(-2,4)$,所以 $(-2,4)$ 关于原点的对称点为 $(2,-4)$,对称圆的半径和圆 C 相同. 故选 D.

公式 15　直线关于点对称的对称直线

(1) 如图所示,如果两直线关于一点对称,那么两直线平行,即 l:$ax+by+c=0$ 平行于 l',即 l':$ax+by+c_1=0$(这里只含有 c_1 一个未知数).

(2) 对称点 $A(x_0,y_0)$ 到直线 l 和 l' 的距离相等(再利用点到直线距离公式可求 c_1).

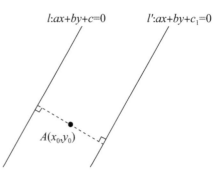

例15 已知直线 l 的方程为 $2x+3y-1=0$,直线 l 关于点 $(1,1)$ 对称的直线 l' 的方程为(　　).

A. $2x+3y+9=0$　　　　B. $3x+2y+9=0$

C. $3x+2y-9=0$　　　　D. $2x+3y-9=0$

E. $2x-3y+9=0$

【解析】设 l' 的方程为 $2x+3y+m=0(m\neq-1)$,则 $\dfrac{|2+3+m|}{\sqrt{2^2+3^2}}=\dfrac{|2+3-1|}{\sqrt{2^2+3^2}}$,解得 $m=-9$,故直线 l' 的方程为 $2x+3y-9=0$.故选 D.

■公式16　点关于直线对称的对称点

利用平面几何中中垂线的性质求点 P 关于直线 $l:ax+by+c=0$ 对称的点 P'(见图).

(1)$PP'\perp l$,即斜率互为"负倒数".

(2)P 和 P' 的中点 A 在对称轴上,即中点 A 满足对称轴方程.

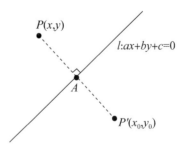

例16 在平面直角坐标系中,以直线 $y=2x+4$ 为对称轴与原点对称的点的坐标是(　　).

A. $\left(-\dfrac{16}{5},\dfrac{8}{5}\right)$　　B. $\left(-\dfrac{8}{5},\dfrac{4}{5}\right)$　　C. $\left(\dfrac{16}{5},\dfrac{8}{5}\right)$

D. $\left(\dfrac{8}{5},\dfrac{4}{5}\right)$　　E. $\left(-\dfrac{8}{5},-\dfrac{4}{5}\right)$

【解析】设所求点的坐标是 (a,b).根据对称点连线与对称

轴垂直有 $\dfrac{b}{a} = -\dfrac{1}{2}$;根据两对称点中点在对称轴上有 $\dfrac{b}{2} = 2 \cdot \dfrac{a}{2} + 4$,

联立解得 $a = -\dfrac{16}{5}$,$b = \dfrac{8}{5}$. 故选 A.

公式 17 圆关于直线对称的对称圆

两圆关于直线对称的实质是圆心关于直线对称,所以可以转化为点关于直线对称. 先求圆心关于直线的对称点作为对称圆的圆心,两圆半径相同,即可求出对称圆的方程.

例 17 设圆 C 与圆 $(x-5)^2 + y^2 = 2$ 关于直线 $y = 2x$ 对称,则圆 C 的方程为(   ).

    A. $(x-3)^2 + (y-4)^2 = 2$

    B. $(x+4)^2 + (y-3)^2 = 2$

    C. $(x-3)^2 + (y+4)^2 = 2$

    D. $(x+3)^2 + (y+4)^2 = 2$

    E. $(x+3)^2 + (y-4)^2 = 2$

【解析】 圆心 $(5,0)$,设其关于直线 $y = 2x$ 的对称点为

(x_0, y_0),则 $\begin{cases} \dfrac{y_0 - 0}{x_0 - 5} = -\dfrac{1}{2}, \\ \dfrac{y_0 + 0}{2} = 2 \cdot \dfrac{x_0 + 5}{2} \end{cases} \Rightarrow \begin{cases} x_0 = -3, \\ y_0 = 4, \end{cases}$ 即圆 C 的圆心为

$(-3, 4)$,所以圆 C 的方程为 $(x+3)^2 + (y-4)^2 = 2$. 故选 E.

公式 18 直线关于直线对称的对称直线

(1) 已知直线和对称直线相交(见图).

① 三线共点,联立 $l : ax + by + c = 0$ 与 $l_1 : ax + b_1 y + c_1 = 0$ 求出点 A 坐标,其也满足 l_2 的方程.

② 在 l_1 上任取一点 B,求点 B 关于直线 l 对称的点 B',点 B' 也满足 l_2 的方程.

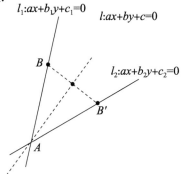

例 18 直线 $x-2y+1=0$ 关于直线 $x=1$ 对称的直线方程是( ).

A. $x+2y-1=0$ B. $2x+y-1=0$

C. $2x+y-3=0$ D. $x+2y-3=0$

E. 以上答案都不正确

【解析】两直线交点为 $(1,1)$,任取 $x-2y+1=0$ 上的一点 $(-1,0)$,其关于 $x=1$ 的对称点为 $(3,0)$. 根据点斜式方程有 $y=\dfrac{1-0}{1-3}(x-3)=-\dfrac{1}{2}(x-3)$, $x+2y-3=0$. 故选 D.

(2)已知直线与对称直线平行.

将对称直线视为"中点",巧用中点坐标公式求解 l''(见图).

$l:ax+by+c=0$ $l'':ax+by+(2c_0-c)=0$

$l':ax+by+c_0=0$

例 19 直线 $2x+y-1=0$ 关于直线 $2x+y=0$ 对称的直线方程为 $2x+by+c=0$,则 $b+c$ 的值为( ).

A. 1   B. 2   C. 4   D. -1 E. -2

【解析】利用中点坐标公式,有 $2\times0-(-1)=1$,所以对称直线方程为 $2x+y+1=0$,所以 $b+c$ 的值为 2. 故选 B.

◎思路点拨
- 实战中遇到这五种特殊的对称关系可以直接按照转化方法进行代入.

▌公式 19   五种特殊的对称关系

位置关系	点 $p(x,y)$	直线 $l:ax+by+c=0$	方法归纳
关于 x 轴对称	$p'(x,-y)$	$l':ax-by+c=0$	变"y"为"$-y$"
关于 y 轴对称	$p'(-x,y)$	$l':-ax+by+c=0$	变"x"为"$-x$"
关于原点$(0,0)$对称	$p'(-x,-y)$	$l':-ax-by+c=0$	变"x,y"为"$-x,-y$"
关于 $y=x$ 对称	$p'(y,x)$	$l':ay+bx+c=0$	将"x,y"互换
关于 $y=-x$ 对称	$p'(-y,-x)$	$l':-ay-bx+c=0$	将"x,y"互换后加"负号"

例 20 圆C_1 是圆$C_2:x^2 + y^2 + 2x - 6y - 14 = 0$ 关于直线 $y = x$ 的对称圆.

(1) 圆$C_1:x^2 + y^2 - 2x - 6y - 14 = 0$.

(2) 圆$C_1:x^2 + y^2 + 2y - 6x - 14 = 0$.

【解析】关于直线 $y = x$ 对称的方法是把 x 和 y 互换,将圆 $C_2:x^2 + y^2 + 2x - 6y - 14 = 0$ 的 x 和 y 互换就可以推出圆C_1 的 方程为$C_1:x^2 + y^2 + 2y - 6x - 14 = 0$. 故选 B.

公式导图 ▾

解析几何
- 点
  - 两点距离公式
  - 中点坐标公式
- 直线
  - 直线方程
  - 直线过象限
  - 直线的斜率公式
  - 点到直线的距离公式
- 圆
  - 圆的方程
  - 半圆的方程
- 位置关系
  - 直线与直线
  - 直线与圆
  - 直线与抛物线
  - 圆与圆
- 对称关系
  - 点关于点对称的对称点
  - 圆关于点对称的对称圆
  - 直线关于点对称的对称直线
  - 点关于直线对称的对称点
  - 圆关于直线对称的对称圆
  - 直线关于直线对称的对称直线
  - 五种特殊的对称关系

公式演练

1. 已知线段 AB 的端点 $A(3,4)$ 及中点 $O(0,3)$,则点 B 的坐标是 ( ).

   A. $\left(\dfrac{3}{2}, \dfrac{7}{2}\right)$ B. $(-3,2)$ C. $(3,2)$

   D. $(3,10)$ E. $\left(\dfrac{3}{2}, 5\right)$

2. 圆 $x^2 + y^2 - x + 2y = 0$ 关于直线 $x - y + 1 = 0$ 对称的圆的方程是( ).

   A. $(x-1)^2 + (y-4)^2 = 8$

   B. $(x+1)^2 + (y-4)^2 = 8$

   C. $(x+1)^2 + (y+4)^2 = 8$

   D. $(x-1)^2 + (y+4)^2 = 8$

   E. 以上结论均不正确

3. 圆 $x^2 - 2x + y^2 + 4y + 1 = 0$ 的圆心是( ).

   A. $(-1, -2)$ B. $(-1, 2)$ C. $(-2, 2)$

   D. $(2, -2)$ E. $(1, -2)$

4. 已知坐标原点到直线 $x + y + a = 0$ 的距离小于 $\sqrt{2}$,则实数 a 的取值范围为( ).

   A. $(-2, 2)$ B. $[-2, 2]$ C. $[-\sqrt{2}, \sqrt{2}]$

   D. $(-\sqrt{2}, \sqrt{2})$ E. $(-\sqrt{2}, \sqrt{2}]$

5. 在平面直角坐标系中,直线 $x - 2y + 1 = 0$ 关于直线 $x + y = 0$ 对称的直线方程为( ).

   A. $2x - y + 1 = 0$ B. $2x + y - 1 = 0$

   C. $x - 2y + 1 = 0$ D. $3x - y + 1 = 0$

   E. $x - 3y + 2 = 0$

6. 已知直线 l 的方程为 $x + 2y - 4 = 0$,点 A 的坐标为 $(5,7)$,过点 A 作直线垂直于 l,则垂足的坐标为( ).

   A. $(6, 5)$ B. $(5, 6)$ C. $(2, 1)$

   D. $(-2, 6)$ E. $\left(\dfrac{1}{2}, 3\right)$

7. 点 $P\left(\dfrac{5}{2}, -2\right)$ 到直线 $y = 2x - 2$ 的距离为( ).

   A. 5 B. $\sqrt{5}$ C. 3 D. $\sqrt{3}$ E. $3\sqrt{5}$

8. 一抛物线以 y 轴为对称轴, 且过点 $\left(-1, \frac{1}{2}\right)$ 及原点, 一直线 l 过点 $\left(1, \frac{5}{2}\right)$ 和点 $\left(0, \frac{3}{2}\right)$, 则直线 l 被抛物线截得的线段的长度为( ).

A. $4\sqrt{2}$ B. $3\sqrt{2}$ C. $4\sqrt{3}$ D. $3\sqrt{3}$ E. $2\sqrt{2}$

9. 已知点 $A(-4, 4)$ 关于直线 $l: 3x + y - 2 = 0$ 的对称点为 A', 则 A' 的坐标为( ).

A. $(2, 3)$ B. $(2, 6)$ C. $(3, 2)$

D. $(6, 2)$ E. $(-2, 6)$

10. 已知圆 $C_1: (x-5)^2 + (y-3)^2 = 9$, 圆 $C_2: x^2 + y^2 - 4x + 2y = -1$, 则两圆有( )个交点.

A. 0   B. 1   C. 2   D. 3   E. 4

11. 直线 $y = ax + b$ 过第一象限.

(1) $a < 0$.

(2) $b > 0$.

12. 设 a, b 为实数, 则圆 $x^2 + y^2 = 2y$ 与直线 $x + ay = b$ 不相交.

(1) $|a - b| > \sqrt{1 + a^2}$.

(2) $|a + b| > \sqrt{1 + a^2}$.

13. 圆 $(x-3)^2 + (y-4)^2 = 25$ 与圆 $(x-1)^2 + (y-2)^2 = r^2 (r > 0)$ 相切.

(1) $r = 5 \pm 2\sqrt{3}$.

(2) $r = 5 \pm 2\sqrt{2}$.

14. 直线 $y = ax + b$ 与抛物线 $y = x^2$ 有两个交点.

(1) $a^2 > 4b$.

(2) $b > 0$.

15. $x^2 + y^2 - ax - by + c = 0$ 与 x 轴相切, 则能确定 c 的值.

(1) 已知 a 的值.

(2) 已知 b 的值.

16. 直线 L 与直线 $2x + 3y = 1$ 关于 x 轴对称.

(1) $L: 2x - 3y = 1$.

(2) $L: 3x + 2y = 1$.

17. 圆 $C: (x+5)^2 + y^2 = r^2 (r$ 表示半径$)$ 和直线 $l: 3x + y + 5 = 0$ 没有交点.

(1) $r > \sqrt{10}$.

$(2)r<\sqrt{10}$.

18. 直线 L_1 的方程为 $(a+2)x+(1-a)y-3=0$,则直线 L_1 与 L_2 垂直.

(1) 直线 L_2 的方程为 $(a-1)x+(a+2)y-3=0$.

(2) 直线 L_2 的方程为 $(a-1)x-(a+2)y-3=0$.

19. 圆 $C_1:\left(x-\dfrac{3}{2}\right)^2+(y-2)^2=r^2$ 与圆 $C_2:x^2-6x+y^2-8y=0$ 有交点.

$(1)0<r<\dfrac{5}{2}$.

$(2)r>\dfrac{15}{2}$.

20. 直线 $y=k(x+2)$ 与圆 $x^2+y^2=1$ 相切.

$(1)k=\dfrac{1}{2}$.

$(2)k=\dfrac{\sqrt{3}}{3}$.

参考答案与解析

答案速查:1~5 BEEAA 6~10 CBABB 11~15 BABBA 16~20 ABAEB

1.B 【解析】本题运用公式 2.由中点坐标公式可知

$$\begin{cases}\dfrac{3+x_B}{2}=0,\\[2mm]\dfrac{4+y_B}{2}=3\end{cases}\Rightarrow\begin{cases}x_B=-3,\\y_B=2\end{cases}\Rightarrow B(-3,2).$$

故选 B.

2.E 【解析】本题运用公式 17. $x^2+y^2-x+2y=0\Rightarrow\left(x-\dfrac{1}{2}\right)^2+(y+1)^2=\dfrac{5}{4}$.设

圆心 $\left(\dfrac{1}{2},-1\right)$ 关于直线 $x-y+1=0$ 的对称点坐标为 (x_0,y_0),则有

$$\begin{cases}\dfrac{y_0+1}{x_0-\dfrac{1}{2}}=-1\Rightarrow y_0+1=-x_0+\dfrac{1}{2}\Rightarrow x_0+y_0=-\dfrac{1}{2},\\[4mm]\dfrac{\dfrac{1}{2}+x_0}{2}-\dfrac{y_0-1}{2}+1=0\Rightarrow x_0-y_0=-\dfrac{7}{2},\end{cases}$$

可得对称点坐标为 $\left(-2,\dfrac{3}{2}\right)$,所以对称圆的方程为 $(x+2)^2+\left(y-\dfrac{3}{2}\right)^2=\dfrac{5}{4}$.

故选 E.

3.E 【解析】本题运用公式 7. $x^2-2x+y^2+4y+1=0\Rightarrow(x-1)^2+(y+2)^2=4$,

所以该圆的圆心是 $(1,-2)$.故选 E.

4. A　【解析】本题运用公式 6. 由点到直线的距离公式可得 $d=\dfrac{|a|}{\sqrt{2}}<\sqrt{2}\Rightarrow-2<a<$

2. 故选 A.

5. A　【解析】本题运用公式 19. 将 x,y 互换后加负号,所以对称直线的方程为

$$-y-2(-x)+1=0,$$

即 $2x-y+1=0$. 故选 A.

6. C　【解析】本题运用公式 9. 直线 l 的方程是 $x+2y-4=0$,设与其垂直的直线方程为 $2x-y+m=0$. 将 $(5,7)$ 代入,解得 $m=-3$. 所以过点 A 垂直于 l 的直线方程为 $2x-y-3=0$. 垂足的坐标为直线 $x+2y-4=0$ 和 $2x-y-3=0$ 的交点 $(2,1)$. 故选 C.

7. B　【解析】本题运用公式 6. 点 $P\left(\dfrac{5}{2},-2\right)$ 到直线 $y=2x-2$ 的距离为

$$\dfrac{\left|2\times\dfrac{5}{2}+2-2\right|}{\sqrt{1+4}}=\sqrt{5}.$$

故选 B.

8. A　【解析】本题运用公式 11. 设抛物线方程为 $y=ax^2+bx+c$,因为 y 轴为对称轴,所以 $b=0$. 又因为抛物线过原点,所以 $c=0$. 故该抛物线方程为 $y=ax^2$,将 $\left(-1,\dfrac{1}{2}\right)$ 代入,得抛物线方程为 $y=\dfrac{1}{2}x^2$. 直线 l 过已知两点,可求得直线的方程为 $y=x+\dfrac{3}{2}$. 抛物线方程与直线方程联立并化简得 $x^2-2x-3=0$. 求出两交点坐标为 $\left(3,\dfrac{9}{2}\right)$ 和 $\left(-1,\dfrac{1}{2}\right)$,则两点的距离为 $4\sqrt{2}$. 故选 A.

9. B　【解析】本题运用公式 16. 两对称点的中点坐标在直线 l 上,因此,将选项代入,求出其中点坐标,当 A' 为 $(2,6)$ 时,$\dfrac{-4+2}{2}=-1,\dfrac{4+6}{2}=5$,$(-1,5)$ 是两对称点的中点坐标,且 $(-1,5)$ 在直线 $l:3x+y-2=0$ 上. 故选 B.

10. B　【解析】本题运用公式 12. 圆 $C_2:x^2+y^2-4x+2y=-1\Rightarrow(x-2)^2+(y+1)^2=4$,则圆 C_2 的圆心为 $(2,-1)$,半径 $r_2=2$. 又圆 C_1 的圆心为 $(5,3)$,半径 $r_1=3$,故圆心距 $d=\sqrt{(5-2)^2+(3+1)^2}=5=r_1+r_2$,因此圆 C_1 和圆 C_2 外切,共有一个交点. 故选 B.

11. B　【解析】本题运用公式 4. 条件 (1):斜率 <0,必过第二、四象限,不充分;条件 (2):截距 >0,必过第一、二象限,充分. 故选 B.

12. A　【解析】本题运用公式 10. 圆心 $(0,1)$,半径为 1,直线 $x+ay-b=0$. 直线与圆不相交,则圆心到直线的距离大于半径,即 $\dfrac{|a-b|}{\sqrt{1+a^2}}>1\Rightarrow|a-b|>\sqrt{1+a^2}$. 因此条件 (1) 充分,条件 (2) 不充分. 故选 A.

13. B 【解析】本题运用公式 12.两圆圆心分别为 $(3,4)$ 和 $(1,2)$,圆心距为 $2\sqrt{2}$.条件
(1):两圆半径之差大于圆心距,不充分.条件(2):两圆半径之差等于圆心距,充分.故
选 B.

14. B 【解析】本题运用公式 11.将直线方程和抛物线方程联立得到一元二次方程:
$x^2-ax-b=0$.直线与抛物线有两个交点意味着该方程有两个不等实数根,即 $\Delta=a^2+4b>0$,显然条件(1) 不充分,条件(2) 充分.故选 B.

15. A 【解析】本题运用公式 10.将圆的方程转化为 $\left(x-\dfrac{a}{2}\right)^2+\left(y-\dfrac{b}{2}\right)^2=\dfrac{a^2+b^2}{4}-c$,由该圆与 x 轴相切,可得 $\left|\dfrac{b}{2}\right|=\sqrt{\dfrac{a^2+b^2}{4}-c}\Rightarrow\dfrac{a^2}{4}=c$,可知条件(1) 充分,条件(2) 不充分.故选 A.

16. A 【解析】本题运用公式 19.当两条直线关于 x 轴对称时,已知其中一条直线,求另一条直线,只需把 y 换成 $-y$ 即可,因此直线 L 的方程为 $2x-3y=1$.故选 A.

17. B 【解析】本题运用公式 10.圆 C:$(x+5)^2+y^2=r^2$ 的圆心坐标为 $(-5,0)$,圆心到直线 l:$3x+y+5=0$ 的距离为 $\dfrac{10}{\sqrt{10}}=\sqrt{10}$,圆 C 与直线没有交点,则 $0<r<\sqrt{10}$,故条件(2) 充分.故选 B.

18. A 【解析】本题运用公式 9.两直线垂直 $\Longleftrightarrow a_1a_2+b_1b_2=0$,因此对于条件(1),有 $(a+2)(a-1)+(1-a)(a+2)=(a+2)(a-1+1-a)=0\Longleftrightarrow$ 直线 L_1 与 L_2 垂直,充分;显然条件(2) 不充分.故选 A.

19. E 【解析】本题运用公式 12. 圆 C_2 的标准方程为 $(x-3)^2+(y-4)^2=5^2$,则两圆的圆心距 $d=\sqrt{\left(3-\dfrac{3}{2}\right)^2+(4-2)^2}=\dfrac{5}{2}$,当 $5-\dfrac{5}{2}\leqslant r\leqslant 5+\dfrac{5}{2}$,即 $\dfrac{5}{2}\leqslant r\leqslant\dfrac{15}{2}$ 时,两圆有交点,条件(1) 和条件(2) 均不充分,联合也不充分.故选 E.

20. B 【解析】本题运用公式 10.直线与圆相切,圆心 $(0,0)$ 到直线 $y=k(x+2)$ 的距离等于半径 1,即 $\dfrac{|2k|}{\sqrt{1+k^2}}=1$,得 $k=\pm\dfrac{\sqrt{3}}{3}$,所以条件(1) 不充分,条件(2) 充分.故选 B.

第十章

数据分析

考情分析

　　本章是考试大纲中的数据分析部分.从大纲内容上分析,本章需要重点掌握排列组合和概率相关的一系列题型,如:分组分配问题、定序问题、古典概型、独立事件等.

　　从试题分布上分析,单独考查本章考点的题目有4～5道题,且本章考题之间相互联系,概率相关的题目和排列组合高度关联.

　　本章对于没有学习过该部分知识的同学来说难度较大,学习建议用时为5～6小时.

基本概念

1.排列定义:从 n 个不同的元素中,任取 $m(m \leqslant n)$ 个元素,按照一定的顺序排成一列,称为从 n 个元素中取出 m 个元素的一个排列.所有排列的个数称为排列数,记为 A_n^m.

2.组合定义:从 n 个不同的元素中,任取 $m(m \leqslant n)$ 个元素并成一组,称为从 n 个不同元素中取出 m 个元素的一个组合.所有组合的个数称为组合数,记为 C_n^m.

3.样本空间:随机试验的所有基本结果组成的集合称为样本空间.样本空间的元素称为样本点或基本事件.

4.基本事件:在概率论中,基本事件是一个仅在样本空间中单个结果的事件.使用集合理论术语,一个基本事件是一个单例.

5.古典概型:具有以下两个特点的概率模型称为古典概率模型,简称古典概型.

(1)试验中所有可能出现的基本事件只有有限个;

(2)每个基本事件出现的可能性相等.

6.事件的相关概念.

(1)事件的包含与相等.

若事件 A 发生必然导致事件 B 发生,则称事件 B 包含事件 A,记为 $B \supset A$ 或者 $A \subset B$.若 $A \subset B$ 且 $B \subset A$,即 $A = B$,则称事件 A 与事件 B 相等.

(2)互不相容(互斥)事件.

若事件 A 与事件 B 不能同时发生,即 $AB = \varnothing$,则称事件 A 与事件 B 是互斥的,或称它们是互不相容的.若事件 $A_1, A_2, \cdots, A_n$ 中的任意两个都互斥,则称事件是两两互斥的.

(3)对立事件.

"A 不发生"的事件称为事件 A 的对立事件,记为 $\overline{A}$.A 和 $\overline{A}$ 满足:$A \bigcup \overline{A} = S, A\overline{A} = \varnothing, \overline{\overline{A}} = A$.

(4)事件的和.

事件 A 与事件 B 至少有一个发生的事件称为事件 A 与事件

B 的和事件,记为 $A \bigcup B$. 事件 $A \bigcup B$ 发生意味着或事件 A 发生,或事件 B 发生,或事件 A 与事件 B 都发生.

事件的和可以推广到多个事件的情景,设有 n 个事件 A_1,A_2,$\cdots$,A_n,定义它们的和事件为 $\{A_1,A_2,\cdots,A_n$ 中至少有一个发生$\}$,记为 $\bigcup\limits_{k=1}^{n} A_k$.

(5)事件的积.

事件 A 与事件 B 都发生的事件称为事件 A 与事件 B 的积事件,记为 $A \bigcap B$,也简记为 AB. 事件 $A \bigcap B$(或 AB)发生意味着事件 A 发生且事件 B 也发生,即事件 A 与事件 B 都发生.

类似地,可以定义 n 个事件 A_1,A_2,$\cdots$,A_n 的积事件为 $\{A_1,A_2,\cdots,A_n$ 都发生$\}$,记为 $\bigcap\limits_{k=1}^{n} A_k$.

(6)事件的差.

事件 A 发生而事件 B 不发生的事件称为事件 A 与事件 B 的差事件,记为 $A - B$.

7. 中位数:将一组数据按照由小到大(或由大到小)的顺序排列,如果数据的个数是奇数,则处于中间位置的数就是这组数据的中位数;如果数据的个数是偶数,则处于中间位置的两个数的平均值就是这组数据的中位数.

8. 众数:一组数据中出现次数最多的数称为这组数据的众数,众数可能不唯一.

9. 频率直方图:把数据分为若干个小组,每组的组距保持一致,并在直角坐标系的横轴上标出每组的位置(以组距作为底),计算每组所包含的数据个数(频数),以该组的"频率/组距"为高作矩形,这样得出若干个矩形构成的图叫作频率直方图.

10. 饼图:一个划分为几个扇形的圆形统计图表,用于描述量、频率或百分比之间的相对关系. 在饼图中,每个扇区的弧长(以及圆心角和面积)大小为其所表示的数量的比例. 这些扇区合在一起刚好是一个完整的圆形. 顾名思义,这些扇区拼成了一个切开的饼形图案.

📝公式精讲 ▾

公式组 1 排列组合

公式 1 分类加法计数原理和分步乘法计数原理

(1)分类加法计数原理:如果完成一件事可以有 n 类办法,在第 i 类办法中有 m_i 种不同的方法($i=1,2,\cdots,n$),那么完成这件事共有 $N=m_1+m_2+\cdots+m_n$ 种不同的方法.

(2)分步乘法计数原理:如果完成一件事需要分成 n 个步骤,做第 i 步有 m_i 种不同的方法($i=1,2,\cdots,n$),那么完成这件事共有 $N=m_1 m_2\cdots m_n$ 种不同的方法.

例1 现有2本不同的哲学类书籍,3本不同的经济类书籍,4本不同的艺术类书籍.从中任选一本购买,有(   )种不同的选法.

A. 8   B. 9   C. 12   D. 24   E. 28

【解析】运用分类加法计数原理,根据书籍种类分为3类:从哲学类书籍中选一本,有2种不同的选法;从经济类书籍中选一本,有3种不同的选法;从艺术类书籍中选一本,有4种不同的选法.共有 $2+3+4=9$(种)不同的选法.故选 B.

例2 现有2本不同的哲学类书籍,3本不同的经济类书籍,4本不同的艺术类书籍.从这3类书籍中各选一本购买,有(   )种不同的选法.

A. 8   B. 9   C. 12   D. 24   E. 28

【解析】运用分步乘法计数原理,分为3步,共有 $2\times3\times4=24$(种)不同的选法.故选 D.

公式 2 排列数和组合数

(1)排列数公式:$A_n^m=n(n-1)(n-2)\cdots(n-m+1)=\dfrac{n!}{(n-m)!}$.

(2)组合数公式:$C_n^m=\dfrac{A_n^m}{m!}=\dfrac{n!}{m!(n-m)!}$.

(3)组合数的基本性质:

$$C_n^m=C_n^{n-m};C_{n+1}^m=C_n^m+C_n^{m-1};\sum_{k=0}^n C_n^k=2^n.$$

📖**重点提炼**

- 分类加法计数原理针对的是"分类"问题,其中各种方法相互独立,每一种方法只属于某一类,用其中任何一种方法都可以做完这件事.分步乘法计数原理针对的是"分步"问题,各个步骤中的方法相互依存,某一步骤中的每一种方法都只能做完这件事的一个步骤,只有各个步骤都完成才算做完这件事.

📖**重点提炼**

- 阶乘(全排列)$A_m^m=m!$;规定 $A_n^0=1,0!=1$.
- 从 n 个不同元素中选 m 个元素不排序,共有 C_n^m 种不同的选法.
- 从 n 个不同元素中选 m 个元素并排序,共有 $A_n^m=C_n^m\times m!$ 种不同的选法.

例3 某餐厅供应客饭,每位顾客可以在餐厅提供的菜肴中任选2荤2素共4种不同的品种,现餐厅准备了5种不同的荤菜,若要保证每位顾客有200种以上不同的选择,则餐厅至少还需准备( )种不同的素菜品种.

A. 6   B. 9   C. 8   D. 7   E. 10

【解析】设餐厅需要准备 x 种不同的素菜品种,先选两个素菜再选两个荤菜,根据题意有 $C_x^2 C_5^2 > 200$,则求得 x 的最小值为 7. 故选 D.

公式3 相邻问题公式

捆绑法:①把有相邻需求的元素捆绑(排序);②将捆绑的整体与剩余元素排列.

例4 6名同学排成一排,其中甲、乙两人必须在一起,则不同的排法共有( )种.

A. 24   B. 120   C. 240   D. 480   E. 720

【解析】因甲、乙两人要排在一起,故将甲、乙两人捆在一起,视作一人,与其余 4 人全排列. 共有 A_5^5 种排法,但甲、乙两人之间的排列有 A_2^2 种排法,由分步乘法计数原理可知,共有 $A_5^5 \times A_2^2 = 240$(种) 不同的排法. 故选 C.

例5 三名男歌唱家和两名女歌唱家联合举行一场音乐会,演出的出场顺序要求两名女歌唱家之间恰有一名男歌唱家,不同的出场方案共有( )种.

A. 36   B. 18   C. 12   D. 16   E. 24

【解析】三名男歌唱家中选一名放在两名女歌唱家之间,将这三个人捆在一起,视作一人,与其余两名男歌唱家全排列,且两名女歌唱家之间也进行排列,则有 $C_3^1 \times A_3^3 \times A_2^2 = 36$(种). 故选 A.

公式4 不相邻问题公式

插空法:①先将其他元素排列;②把有不相邻需求的元素进行插空.

例6 6人站成一排,甲、乙、丙任意两人都不相邻的排法共有( )种.

A. 72   B. 120   C. 144   D. 240   E. 480

【解析】第一步,除甲、乙、丙外,其他 3 个人的排法有 A_3^3 种;

思路点拨

- 当题目当中出现明确的某几个元素要在排序中相邻,那么要想到使用捆绑法解决相邻问题.

思路点拨

- 当题目当中要求其中的几个元素不能两两相邻,那么要想到使用插空法解决不相邻问题.

第二步,3个人共形成4个空,让甲、乙、丙3个人在这4个空中任选3个空插入并进行排列,其排法有A_4^3种,由分步乘法计数原理得,共有$A_3^3 \times A_4^3 = 144$(种). 故选 C.

公式5 分房公式

(1) 将 m 个不同元素分到 n 个不同地方,每个元素只能去1个地方,此时有n^m 种分配方法.

(2) 将 m 个不同元素分给 n 个不同对象,每个对象只能选1个元素(不同对象可选同一元素),此时有m^n 种分配方法.

例7 6个人住进 4 家旅店,共有( )种不同的住法.

A. 6^4　　　B. 4^6　　　C. A_6^4　　　D. A_6^3　　　E. C_6^3

【解析】每个人都有 4 种选择,则 6 个人就有4^6 种不同的住法. 故选 B.

例8 7名学生争夺 5 项冠军,每项冠军只能由一人获得,则获得冠军的可能的种数有( )种.

A. 7^5　　　B. 5^7　　　C. C_7^5　　　D. $5!$　　　E. $7!$

【解析】因每项冠军只能由一人获得,但同一个学生可同时获得多项冠军,故将 7 名学生看作 7 家"旅店",5 项冠军看作 5 个"客人",每个客人都有 7 种选择,则 5 个客人就有7^5 种不同的住法. 故选 A.

公式6 隔板公式

(1) 标准型:将 n 个相同的元素分配到 m 个不同的地方,每个地方至少有 1 个元素,则有C_{n-1}^{m-1} 种方式.

(2) 非标准型:每个地方不是"至少有 1 个元素"的,先将其转化为标准型,再套标准型的公式.

例9 10 个完全相同的小球放到 3 个不同的盒子中,每个盒子都不空,共有( )种不同的放法.

A. 72　　　B. 36　　　C. 24　　　D. 18　　　E. 12

【解析】标准型,可直接套用隔板公式,所以共有$C_9^2 = 36$(种) 不同的放法. 故选 B.

例10 20 个三好学生名额分给 3 个班,每个班至少有 2 个名额,则总的分法数是( ).

A. C_9^3　　　B. C_{16}^2　　　C. C_9^4　　　D. C_8^3　　　E. C_9^5

【解析】先给 3 个班每个班分一个三好学生名额,然后剩下

思路点拨

- 该类型题重点是要联系实际,弄清楚谁选谁,实质上就是考查乘法原理的运用.

思路点拨

- 该类型题重点识别标准是相同元素,务必与公式7的不同元素加以区分.

的 17 个名额分给三个班,每个班至少 1 个名额,此时转化为标准型,则有 C_{16}^2 种不同的分法. 故选 B.

公式 7　分组分配公式

(1) 分组公式:将 m 个不同元素分成 n 个小组,此时要根据 n 个小组各组之间人数情况考虑是否消除顺序. 举例如下:

① 将 4 个人分成 2 组,每组 2 人,简写为 $4 = 2 + 2$ (下同),则共有 $\dfrac{C_4^2 \times C_2^2}{2!} = 3$ (种) 方法.

② $6 = 2 + 2 + 2$,共有 $\dfrac{C_6^2 \times C_4^2 \times C_2^2}{3!} = 15$ (种) 方法.

③ $5 = 2 + 2 + 1$,共有 $\dfrac{C_5^2 \times C_3^2 \times C_1^1}{2!} = 15$ (种) 方法.

④ $6 = 1 + 1 + 2 + 2$,共有 $\dfrac{C_6^1 \times C_5^1 \times C_4^2 \times C_2^2}{2! \times 2!} = 45$ (种) 方法.

⑤ $6 = 1 + 2 + 3$,共有 $C_6^1 \times C_5^2 \times C_3^3 = 60$ (种) 方法.

(2) 分配公式:将 n 个分好的小组分配到 n 个不同的地方,每个地方 1 个小组,则有 $n!$ 种分配方式.

例 11 某大学派出 5 名志愿者到西部 4 所中学支教,若每所中学至少有一名志愿者,则不同的分配方案有(　　) 种.

A. 240　　　B. 144　　　C. 120　　　D. 60　　　E. 24

【解析】每所中学至少有一名志愿者,则 5 名志愿者分成 2,1,1,1 组合并分配给 4 所学校,所以不同的分配方案有 $\dfrac{C_5^2 \times C_3^1 \times C_2^1 \times C_1^1}{A_3^3} \times A_4^4 = 240$ (种). 故选 A.

公式 8　定序公式

(1) 消序公式:在 n 个元素的排列中有 m 个元素的相对顺序是确定的,那么共有 $\dfrac{n!}{m!}$ 种排序的方法.

(2) 选位置公式:在 n 个元素的排列中有 m 个元素的相对顺序是确定的,我们首先可以先给 m 个元素选出 m 个位置,共有 C_n^m 种选位置的方法;然后将 m 个元素排到 m 个位置中,由于它们相对顺序确定,所以排到 m 个位置中只有 1 种排法;最后将剩余的 $(n - m)$ 个元素排到剩余的 $(n - m)$ 个位置中,共有 $(n - m)!$ 种排法. 所以共有 $C_n^m \cdot (n - m)!$ 种排法.

例12 某班举办新年联欢会,原定的 5 个节目已排成节目单,开演前又增加了两个新节目,如果将这两个新节目插入原节目当中,那么有( )种不同的方法.

A. 15 　　B. 20 　　C. 21 　　D. 30 　　E. 42

【解析】将 7 个节目进行全排列时,有 A_7^7 种方法,而原有的 5 个节目全排列时,有 A_5^5 种方法,故共有 $A_7^7 \div A_5^5 = 42$(种) 不同的方法.故选 E.

公式9　错排公式

(1) 题目中出现明显的要求两两不能彼此配对的条件,此类题型为错排问题.

(2) 记住错排数据:2 对元素错排共有 1 种排法;3 对元素错排共有 2 种排法;4 对元素错排共有 9 种排法;5 对元素错排共有 44 种排法.

例13 a,b,c,d 排成一行,a 不排第一,b 不排第二,c 不排第三,d 不排第四的排法有( )种.

A. 1 　　B. 2 　　C. 4 　　D. 9 　　E. 44

【解析】按照题目的要求,采用枚举法可以把所有的排法列出,具体如下:

$badc$; $bcda$; $bdac$; $cadb$; $cdab$; $cdba$; $dabc$; $dcab$; $dcba$.

共 9 种.故选 D.

公式组2　概率

公式10　古典概型

对于古典概型,如果随机事件 A 包含的基本事件个数为 m,基本事件的总数为 n,则

$$P(A) = \frac{A\text{ 包含的基本事件的个数}}{\text{基本事件的总数}} = \frac{m}{n}.$$

例14 将 2 本不同的数学书和 1 本语文书在书架上随机地排成一行,则 2 本数学书相邻的概率为( ).

A. $\frac{1}{6}$ 　　B. $\frac{1}{3}$ 　　C. $\frac{2}{3}$ 　　D. $\frac{1}{4}$ 　　E. $\frac{1}{2}$

【解析】基本事件总数为 $A_3^3 = 6$,2 本数学书相邻的基本事件个数为 $A_2^2 \times A_2^2 = 4$,则 $p = \frac{4}{6} = \frac{2}{3}$.故选 C.

重点提炼

· 错排数据的推导实际是通过列举的方式,把全部情况列举后统计出来的结果,直接记忆使用即可.

例 15 投掷一枚质地均匀的硬币 10 次,恰有 3 次反面朝上的概率是( ).

A. $\dfrac{1}{3}$ B. $\dfrac{3}{10}$ C. $\dfrac{2}{3}$ D. $\dfrac{7}{10}$ E. $\dfrac{15}{128}$

【解析】投掷硬币 10 次,共有 2^{10} 种情况,其中恰有 3 次反面朝上的情况有 C_{10}^3 种,所以 $p = \dfrac{C_{10}^3}{2^{10}} = \dfrac{15}{128}$. 故选 E.

【方法归纳】

识别:条件中没有概率,但问题求概率的题型就是古典概型.

应对:古典概型的计算分为三步:① 算分母;② 算分子;③ 算比值.

公式 11　独立事件

(1) $P(A+B) = P(A) + P(B) - P(AB)$(加法公式).

当 A, B 互斥时,$P(A+B) = P(A) + P(B)$.

(2) $P(\overline{A}) = 1 - P(A)$.

(3) 设 A, B 是两相互独立事件,则 $P(AB) = P(A)P(B)$.

【方法归纳】

识别:条件有概率,问题求概率的题型就是独立事件.

应对:独立事件计算公式其实和乘法原理类似,可以从乘法原理的角度进行理解.

例 16 甲、乙两人射击,击中目标的概率分别是 $\dfrac{2}{3}$ 和 $\dfrac{3}{4}$. 假设两人射击相互独立,两人各射击 4 次,甲至少 1 次未击中目标且乙全部击中的概率为( ).

A. $\left(\dfrac{2}{3}\right)^3 \cdot \left(\dfrac{3}{4}\right)^4$ B. $\left[1 - \left(\dfrac{2}{3}\right)^4\right] \cdot \left(\dfrac{3}{4}\right)^4$

C. $\dfrac{1}{3} \cdot \left(\dfrac{2}{3}\right)^3 \cdot \left(\dfrac{3}{4}\right)^4$ D. $\left(\dfrac{1}{3}\right)^4 \cdot \left(\dfrac{3}{4}\right)^4$

E. $\left(\dfrac{2}{3}\right)^4 \cdot \left(\dfrac{3}{4}\right)^4$

【解析】甲射击 4 次,至少 1 次未击中的概率为 $1 - \left(\dfrac{2}{3}\right)^4$,乙全部击中的概率为 $\left(\dfrac{3}{4}\right)^4$,故甲至少 1 次未击中目标且乙全部击中的概率为 $\left[1 - \left(\dfrac{2}{3}\right)^4\right] \cdot \left(\dfrac{3}{4}\right)^4$. 故选 B.

公式 12　伯努利概型

(1) 设在一次试验中,事件 A 发生的概率为 $p(0<p<1)$,则在 n 重伯努利试验中,事件 A 恰好发生 k 次的概率为

$$P_n(k)=C_n^k p^k(1-p)^{n-k}(k=0,1,2,\cdots,n).$$

(2) 设在一次试验中,事件 A 发生的概率为 $p(0<p<1)$,则在伯努利试验序列中,事件 A 在第 k 次试验时才首次发生的概率为 $p(1-p)^{k-1}(k=1,2,\cdots)$.

例 17 某一批花生种子,如果每粒发芽的概率均为 $\frac{4}{5}$,那么播下 3 粒种子恰有 2 粒发芽的概率是(　　).

A. $\frac{12}{125}$　　B. $\frac{16}{125}$　　C. $\frac{48}{125}$　　D. $\frac{1}{15}$　　E. $\frac{96}{125}$

【解析】3 粒种子恰有 2 粒发芽的概率为 $C_3^2\times\left(\frac{4}{5}\right)^2\times\left(1-\frac{4}{5}\right)=\frac{48}{125}$.故选 C.

例 18 某公司招聘,每个人通过面试的概率为 0.8,现有 5 人前来面试,至少有 3 人通过面试的概率是(　　).

A. 0.24　　B. 0.32　　C. 0.4　　D. 0.64　　E. 0.94

【解析】至少有 3 人通过面试的概率为 $p=C_5^3\times(0.8)^3\times(0.2)^2+C_5^4\times(0.8)^4\times(0.2)^1+C_5^5\times(0.8)^5=0.94$.故选 E.

公式组 3　数据描述

公式 13　平均数计算公式

(1) 算术平均数.

设 n 个数 $x_1,x_2,\cdots,x_n$,称 $\overline{x}=\dfrac{x_1+x_2+\cdots+x_n}{n}$ 为这 n 个数的算术平均数,简记为 $\overline{x}=\dfrac{\sum\limits_{i=1}^{n}x_i}{n}$.

(2) 算术平均数计算技巧.

若 $x_1,x_2,\cdots,x_n$ 的平均数为 $\overline{x}$,则 $kx_1+b,kx_2+b,\cdots,kx_n+b$ 的平均数为 $k\overline{x}+b$.

例 19 三个自然数 A,B,C 之和是 111,已知 A,B 的平均数是 31,A,C 的平均数是 37,那么 B,C 的平均数是(　　).

A. 34　　B. 37　　C. 43　　D. 46　　E. 68

• 伯努利概型属于独立事件的特殊形式.

【解析】由题意得，$C = 111 - 31 \times 2 = 49$，$B = 111 - 37 \times 2 = 37$，则 B，C 的平均数是 $(49 + 37) \div 2 = 43$. 故选 C.

例20 某班用 180 元买来若干本单价为 0.5 元的笔记本，如果将这些笔记本只发给女生，平均每人能得 15 本；如果将这些笔记本只发给男生，平均每人能得 10 本；如果将这些笔记本发给全班同学，则平均每人能得（ ）本.

A. 5　　　　B. 18　　　　C. 12　　　　D. 8　　　　E. 6

【解析】共有笔记本 $180 \div 0.5 = 360$（本），则女生人数为 $360 \div 15 = 24$（人），男生人数为 $360 \div 10 = 36$（人），故若将这些笔记本发给全班同学，则平均每人能得 $360 \div (24 + 36) = 6$（本）. 故选 E.

公式 14　方差、标准差计算公式

（1）方差：设一组样本数据 $x_1, x_2, \cdots, x_n$，其平均数为 $\overline{x}$，则称

$$s^2 = \frac{1}{n} \left[(x_1 - \overline{x})^2 + (x_2 - \overline{x})^2 + \cdots + (x_n - \overline{x})^2 \right]$$

$$= \frac{1}{n} \sum_{i=1}^{n} (x_i - \overline{x})^2$$

为这个样本的方差.

（2）标准差：因为方差和原始数据的单位不同，且平方后可能夸大了离差的程度，因此将方差的算术平方根称为这组数据的标准差，即 $s = \sqrt{\dfrac{1}{n} \sum\limits_{i=1}^{n} (x_i - \overline{x})^2}$.

（3）方差计算技巧.

已知 $x_1, x_2, \cdots, x_n$ 的方差为 s^2，则有以下结论：

① $x_1 + b, x_2 + b, \cdots, x_n + b$ 的方差为 s^2.

② $k x_1, k x_2, \cdots, k x_n$ 的方差为 $k^2 s^2$.

③ $k x_1 + b, k x_2 + b, \cdots, k x_n + b$ 的方差为 $k^2 s^2$.

例21 给出两组数据，甲组：21, 22, 23, 24, 25；乙组：100, 101, 102, 103, 104. 设甲组、乙组的方差分别为 s_1^2, s_2^2，则下列正确的是（ ）.

A. $s_1^2 > s_2^2$　　　　　B. $s_1^2 < s_2^2$　　　　　C. $s_1^2 = s_2^2$

D. $s_1^2 \neq s_2^2$　　　　　E. 无法确定 s_1^2 和 s_2^2 的大小关系

【解析】可以利用方差的性质，将甲、乙两组数据分别减去 21 和 100，即可发现二者的方差相同. 故选 C.

例22 如果一组数据 $x_1, x_2, \cdots, x_n$ 的方差是 2，那么另一组

数据 $3x_1,3x_2,\cdots,3x_n$ 的方差是(   ).

A. 2   B. 18   C. 12   D. 6   E. 9

【解析】根据方差的性质,得 $s_2^2 = 3^2 s_1^2 = 9 \times 2 = 18$. 故选 B.

公式 15   频率直方图公式

(1) 组距的确定:一般是人为确定,不能太大也不能太小.

(2) 组数的确定:组数 $= \dfrac{极差}{组距}$.

(3) 每组频率的确定:频率 $= \dfrac{频数}{数据容量}$.

(4) 每组所确定的矩形的面积 $= 组距 \times \dfrac{频率}{组距} = 频率$.

(5) 频率直方图下的矩形总面积等于 1.

例 23 200 辆汽车通过某一段公路时的时速频率分布直方图如图所示,则时速在 $[60,70)$ 的汽车大约有(   )辆.

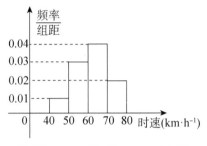

A. 40   B. 50   C. 60   D. 70   E. 80

【解析】由题设条件及图形得时速在 $[60,70)$ 的汽车大约有 $0.04 \times 10 \times 200 = 80$(辆). 故选 E.

公式 16   饼图公式

某部分所占的百分比等于对应扇形弧长占整个圆周的比例.

例 24 在一次捐款活动中,某班 50 名同学每人拿出自己的零花钱,有捐 5 元、10 元、20 元的,还有捐 50 元和 100 元的,不同捐款数的人数比例如图所示,则该班同学平均每人捐款(   )元.

A. 30   B. 30.6   C. 31   D. 31.2   E. 32

【解析】根据题设条件及饼图可得,该班同学平均每人捐款 $5 \times 8\% + 10 \times 20\% + 20 \times 44\% + 50 \times 16\% + 100 \times 12\% = 31.2$(元). 故选 D.

公式导图 ▾

分类加法计数原理和分步乘法计数原理

排列数和组合数

相邻问题公式

不相邻问题公式

排列组合

分房公式

隔板公式

分组分配公式

定序公式

错排公式

数据分析

古典概型

概率 独立事件

伯努利概型

平均数计算公式

方差、标准差计算公式

数据描述

频率直方图公式

饼图公式

公式演练 ▾

1. 某公司员工义务献血,在体检合格的人中,O 型血的有 10 人,A 型血的有 5 人,B 型血的有 8 人,AB 型血的有 3 人,若从四种血型的人中各选出 1 人去献血,则共有(　　)种不同的选法.

   A. 1 200　　　B. 600　　　C. 400　　　D. 300　　　E. 26

2. 安排 7 位工作人员 5 月 1 日至 5 月 7 日值班,每人值班一天,其中甲、乙两人不安排在 5 月 1 日和 5 月 2 日,不同的安排方法共有(　　)种.

   A. 1 800　　B. 2 600　　C. 2 400　　D. 2 040　　E. 2 500

3. 编号为 1,2,3,4,5 的 5 人入座编号也为 1,2,3,4,5 的 5 个座位,至多有两人对号入座的坐法有(　　)种.

   A. 103　　　B. 105　　　C. 107　　　D. 106　　　E. 109

4. 甲、乙、丙三位教师分配到 6 个班级,若其中甲教一个班,乙教两个班,丙教三个班,则共有分配方法(　　)种.

   A. 720　　　B. 360　　　C. 120　　　D. 60　　　E. 20

5. 将 4 张不同的卡片投入 3 个不同的抽屉中,若 4 张卡片全部投完,且每个抽屉至少投一张,则共有投法(　　)种.

   A. 12　　　B. 21　　　C. 36　　　D. 42　　　E. 55

6. 8 本不同的书分成四堆,两堆各一本,两堆各三本的不同分法有(　　)种.

   A. $\dfrac{C_8^1 C_7^1 C_6^3 C_3^3}{2! \cdot 2!}$　　　　B. $\dfrac{C_8^1 C_7^1 C_6^3 C_3^3}{3!}$　　　　C. $\dfrac{C_8^1 C_7^1 C_6^3 C_3^3}{4!}$

   D. $C_8^1 C_7^1 C_6^3 C_3^3$　　　　E. $C_8^1 C_7^1 C_6^3 C_3^3 \cdot 4!$

7. 现有 2 本不同的哲学类书籍,3 本不同的经济类书籍,4 本不同的艺术类书籍. 从这些书籍中选择 2 本不同种类的书籍,有(　　)种不同的选法.

   A. 24　　　B. 26　　　C. 28　　　D. 32　　　E. 36

8. 3 个 3 口之家一起观看演出,他们购买了同一排的 9 张连座票,则每一家的人都坐在一起的不同坐法有(　　)种.

   A. $(3!)^2$　　B. $(3!)^3$　　C. $3(3!)^3$　　D. $(3!)^4$　　E. 9!

9. 用 0,1,2,3,4,5 组成没有重复数字的四位数,其中千位数字大于百位数字且百位数字大于十位数字的四位数的个数是(　　).

   A. 36　　　B. 40　　　C. 48　　　D. 60　　　E. 72

10. 有 5 个人报名参加 3 项不同的培训,每人只能报一项,则不同的报法有( )种.

    A. 243   B. 125   C. 81   D. 60   E. 98

11. 10 个完全相同的小球放到 3 个不同的盒子中,盒子可以为空,共有( )种不同的放法.

    A. 36   B. 45   C. 55   D. 66   E. 78

12. 教室里 6 把空椅子排成一排,甲、乙二人就坐且不相邻的不同坐法共有( )种.

    A. 10   B. 20   C. 480   D. 600   E. 720

13. 掷一颗质地均匀的骰子 3 次,至少出现 1 次点数 6 向上的概率为( ).

    A. $\dfrac{5}{216}$ B. $\dfrac{25}{216}$ C. $\dfrac{29}{216}$ D. $\dfrac{34}{216}$ E. $\dfrac{91}{216}$

14. 从正整数 $(m,n)(m \leqslant 7, n \leqslant 9)$ 中任意选取 m,n,则 m,n 都取到奇数的概率是( ).

    A. $\dfrac{1}{7}$ B. $\dfrac{5}{21}$ C. $\dfrac{16}{63}$ D. $\dfrac{17}{63}$ E. $\dfrac{20}{63}$

15. 从标号 1 到 10 的 10 张卡片中随机抽取 2 张,它们的和能被 5 整除的概率为( ).

    A. $\dfrac{1}{5}$ B. $\dfrac{1}{9}$ C. $\dfrac{2}{9}$ D. $\dfrac{2}{15}$ E. $\dfrac{7}{45}$

16. 甲、乙两选手进行乒乓球单打比赛,甲选手发球成功后,乙选手回球失误的概率为 0.3,若乙选手回球成功,甲选手回球失误的概率为 0.4,若甲选手回球成功,乙选手再次回球失误的概率为 0.5,则这几个回合中,乙选手输掉 1 分的概率是( ).

    A. 0.36   B. 0.43   C. 0.49   D. 0.51   E. 0.57

17. 掷一枚质地不均匀的硬币,正面朝上的概率为 $\dfrac{2}{3}$,若将此硬币掷 4 次,则 3 次正面朝上的概率是( ).

    A. $\dfrac{8}{81}$ B. $\dfrac{8}{27}$ C. $\dfrac{32}{81}$ D. $\dfrac{1}{2}$ E. $\dfrac{26}{27}$

18. 某人将 5 个环一一投向一木桩,直到有一个套中为止,若每次套中的概率为 0.1,则至少剩下一个环未投的概率为( ).

    A. $1-0.9^4$ B. $1-0.9^3$ C. $1-0.9^5$

    D. $1-0.1 \times 0.9^4$ E. $1-0.9^2$

19. 跳水比赛,由六位评委打分,如果去掉一个最低分,平均分为40分;如果去掉一个最高分,平均分为30分.那么最高分比最低分高(   )分.

A. 10   B. 20   C. 30   D. 40   E. 50

20. 甲、乙、丙三人每轮各投篮10次,投了三轮,投中数如表所示.

	第一轮	第二轮	第三轮
甲	2	5	8
乙	5	2	5
丙	8	4	8

记$\sigma_1,\sigma_2,\sigma_3$分别是甲、乙、丙投中数的方差,则(   ).

A. $\sigma_1 > \sigma_2 > \sigma_3$ B. $\sigma_1 > \sigma_3 > \sigma_2$

C. $\sigma_2 > \sigma_1 > \sigma_3$ D. $\sigma_2 > \sigma_3 > \sigma_1$

E. $\sigma_3 > \sigma_2 > \sigma_1$

21. 根据某公司全体职工年龄的数据绘制的频率直方图如图所示,则可以确定该公司的人数.

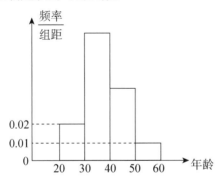

(1) 已知 $30 \sim 50$ 岁职工的人数.

(2) 已知 $20 \sim 30$ 岁的职工比 $30 \sim 40$ 岁的职工少 100 人.

22. 有一个篮球运动员投篮 n 次,投篮命中率均为 $\frac{3}{5}$,则这个篮球运动员投篮至少有一次投中的概率是 0.936.

(1) $n = 3$.

(2) $n = 4$.

23. a,b,c 的算术平均数是 $\frac{14}{3}$,则几何平均数是 4.

(1) a,b,c 是满足 $a > b > c > 1$ 的三个整数,$b = 4$.

(2) a,b,c 是满足 $a > b > c > 1$ 的三个整数,$b = 2$.

24. 设两组数据 $S_1:3,4,5,6,7$ 和 $S_2:4,5,6,7,a$,则能确定 a 的值.

    (1) S_1 与 S_2 的均值相等.

    (2) S_1 与 S_2 的方差相等.

25. 小张和小谢两人进行抽奖,已知每次小张抽中奖券的概率为 60%,小谢抽中奖券的概率为 80%,则小张中奖的概率较大.

    (1) 小张抽 3 次.

    (2) 小谢抽 2 次.

参考答案与解析

答案速查:1～5　ACEDC　6～10　ABDDA　11～15　DBEEA　16～20　DCAEB

          21～25　AAEAE

1. A　【解析】本题运用公式1.完成本件事需要分成4个步骤,即每个血型各选1人,根据乘法原理有 $C_{10}^1 \cdot C_5^1 \cdot C_8^1 \cdot C_3^1 = 1\ 200$(种).故选 A.

2. C　【解析】本题运用公式2.由于甲、乙两人有特殊要求,所以首先安排甲、乙两人,然后再安排剩余没有要求的工作人员,故分为两个步骤完成此事.甲、乙两人在 3～7 日中选 2 天并排序,然后其余人全排列,有 $C_5^2 \times 2! \times 5! = 2\ 400$(种)方法.故选 C.

3. E　【解析】本题运用公式9.可以将所有情况分为三类:①0 人对号,即 5 人错排:44 种;②1 人对号,即 4 人错排(先选 1 人对号再 4 人错排):$C_5^1 \times 9 = 45$(种);③2 人对号,即 3 人错排:$C_5^2 \times 2 = 20$(种).三类相加共 109 种.故选 E.

4. D　【解析】本题运用公式7.首先将 6 个班级按照条件要求分成 $6 = 1 + 2 + 3$ 共 3 组,有 $C_6^1 \cdot C_5^2 \cdot C_3^3 = 60$(种)分组方法;然后将 3 组班级分配给 3 位教师,由于题目中明确要求了甲、乙、丙各自所教班级的数量,因此并不是随意分配的,分配方法只有 1 种.所以共有 $60 \times 1 = 60$(种)方法.故选 D.

5. C　【解析】本题运用公式7.先将 4 张不同的卡片分成 $4 = 2 + 1 + 1$ 三组,然后再将三组卡片投入 3 个不同的抽屉中,所以有 $\dfrac{C_4^1 \times C_3^1 \times C_2^2}{2!} \times 3! = 36$(种).故选 C.

6. A　【解析】本题运用公式7.直接将 8 本不同的书分成 $8 = 1 + 1 + 3 + 3$ 共 4 组,所以有 $\dfrac{C_8^1 C_7^1 C_6^3 C_3^3}{2! \cdot 2!}$ 种.故选 A.

7. B　【解析】本题运用公式1.先分为 3 类,第一类是哲学类、经济类书籍各选一本,由分步乘法计数原理可得有 $2 \times 3 = 6$(种)不同的选法;第二类是哲学类、艺术类书籍各选一本,由分步乘法计数原理可得有 $2 \times 4 = 8$(种)不同的选法;第三类是经济类、艺术类书籍各选一本,由分步乘法计数原理可得有 $3 \times 4 = 12$(种)不同的选法.所以不同的选法共有 $6 + 8 + 12 = 26$(种).故选 B.

8．D 【解析】本题运用公式 3．此题的难点在于除了同一家庭内成员的排座种类外还需考虑三家人之间的排座种类．第一步，每个家庭 3 口成员的坐法有 3!种，则 3 个家庭内部成员各自排序的不同坐法有(3!)³ 种；第二步，每个 3 口之家作为整体，不同排序有 3!种．因此每一家的人都坐在一起的不同坐法共有(3!)⁴ 种．故选 D．

9．D 【解析】本题运用公式 8．从 6 个数字中任意选出 3 个数字放在千位、百位、十位，根据题意可知 3 个数字从千位到十位只有一种顺序(由大到小)，所以即便选出的 3 个数中有"0"也只会放在十位，因此只需选数，无需排序，最后再从剩下的 3 个数字中选出 1 个数放在个位即可，即符合要求的四位数个数是 $C_6^3 \times C_3^1 = 60$．故选 D．

10．A 【解析】本题运用公式 5．每人只能报一项培训项目，所以每个人都有 3 种选择，则 5 个人就有 $3^5 = 243$(种) 不同的报法．故选 A．

11．D 【解析】本题运用公式 6．可以先给每个盒子增加一个球，题目即转化为将 13 个完全相同的小球分成不为空的三堆，可直接利用标准型的公式有 $C_{12}^2 = 66$(种) 不同的放法．故选 D．

12．B 【解析】本题运用公式 4．先把没有坐人的 4 把空椅子排成一排，它们之间形成 5 个空，再将坐人的两把椅子插入其中，且甲、乙两人可互换，共有 $C_5^2 \times A_2^2 = 20$(种)．故选 B．

13．E 【解析】本题运用公式 10．没有出现点数 6 向上的概率为 $\frac{5 \times 5 \times 5}{6 \times 6 \times 6} = \frac{125}{216}$，则至少出现 1 次点数 6 向上的概率为 $1 - \frac{125}{216} = \frac{91}{216}$．故选 E．

14．E 【解析】本题运用公式 10．从正整数 (m, n) 中任意选取 m, n，共有 $7 \times 9 = 63$(种) 选法，m, n 都取到奇数的情况有 $4 \times 5 = 20$(种)，所以 $p = \frac{20}{63}$．故选 E．

15．A 【解析】本题运用公式 10．被 5 整除的数组：$1+4, 2+3, 1+9, 2+8, 3+7, 4+6, 5+10, 6+9, 7+8$，共 9 组．从 10 张卡片中任选 2 张共有 $C_{10}^2 = 45$(种)，所以概率为 $\frac{9}{45} = \frac{1}{5}$．故选 A．

16．D 【解析】本题运用公式 11．乙选手输掉 1 分有以下 2 种情况：
① 甲发球成功 → 乙回球失误，其概率为 0.3．
② 甲发球成功 → 乙回球成功 → 甲回球成功 → 乙回球失误，其概率为
$$(1-0.3) \times (1-0.4) \times 0.5 = 0.21.$$
所以乙选手输掉 1 分的概率是 $0.3 + 0.21 = 0.51$．故选 D．

17．C 【解析】本题运用公式 12．掷 4 次，3 次正面向上的概率为 $C_4^3 \cdot \left(\frac{2}{3}\right)^3 \cdot \left(1 - \frac{2}{3}\right) = \frac{32}{81}$．故选 C．

18. A 【解析】本题运用公式12. 至少剩下一个环未投的概率为1减去一个环都不剩的概率. 一个环都不剩意味着前4个环都没有套中. 所以一个环都不剩的概率为 $(1-0.1)^4 = 0.9^4$. 所以至少剩下一个环未投的概率为 $1-0.9^4$. 故选 A.

19. E 【解析】本题运用公式13. 最高分下的4个中间分总和 $= 40 \times 5 = 200$, 最低分上的4个中间分总和 $= 30 \times 5 = 150$, 所以最高分比最低分高 $200 - 150 = 50$ (分). 故选 E.

20. B 【解析】本题运用公式14. 由方差计算公式

$$s^2 = \frac{1}{n}\left[(x_1-\bar{x})^2 + (x_2-\bar{x})^2 + \cdots + (x_n-\bar{x})^2\right],$$

可得 $\sigma_1 = 6, \sigma_2 = 2, \sigma_3 = \frac{32}{9}$, 故 $\sigma_1 > \sigma_3 > \sigma_2$. 故选 B.

21. A 【解析】本题运用公式15. 由题图可知, $30\sim50$ 岁职工占全公司人数的比例为 $1-(0.01+0.02) \times 10 = 0.7$. 对于条件(1), 知道 $30\sim50$ 岁职工的人数, 由此可以确定该公司职工的总人数, 充分; 对于条件(2), 由于不知道 $30\sim40$ 岁职工占全公司人数的比例, 所以推不出结论. 不充分. 故选 A.

22. A 【解析】本题运用公式12. 由题干及所给条件(1)和条件(2)知, 两条件不可能同时充分, 现考虑条件(1), 可得这个篮球运动员投篮至少有一次投中的概率为 $1-\left(\frac{2}{5}\right)^3 = 0.936$, 充分, 于是条件(2) 不充分. 故选 A.

23. E 【解析】本题运用公式13. 对于条件(1), $b=4$, 算术平均数是 $\frac{14}{3}$, 则 $a+c=10$, 又 $a>b>c>1$, 故 $a=7, c=3$ 或 $a=8, c=2$. 当 $a=7, c=3$ 时, 几何平均数为 $\sqrt[3]{7 \times 4 \times 3} = \sqrt[3]{84}$; 当 $a=8, c=2$ 时, 几何平均数为 $\sqrt[3]{8 \times 4 \times 2} = 4$, 不充分. 对于条件(2), 当 $b=2$ 时, $a>b>c>1$, c 无法取值, 不充分. 且两个条件矛盾无法联合. 故选 E.

24. A 【解析】本题运用公式13和公式14. 条件(1), 由两组数据的均值相等, 且两组数据的个数相等, 知两组数据的和相等, 因此可以确定 $a=3$, 充分; 条件(2), 由于方差衡量的是该组数据的离散性, 第一组数据为5个连续自然数, 因此当 $a=3$ 或8时, 都可以使得第二组的离散性与第一组相同, 即方差相等. 所以不能确定 a 的值(也可以理解为把整组数据都加1, 方差不变). 故选 A.

25. E 【解析】本题运用公式12. 两个条件单独显然不能推出结论, 两个条件联合. 小张中奖的概率 $= 1-(1-60\%)^3 = 0.936$; 小谢中奖的概率 $= 1-(1-80\%)^2 = 0.96$, 联合也推不出结论. 故选 E.